住房和城乡建设部"十四五"规划教材

教育部高等学校工程管理和工程造价专业教学指导分委员会规划推荐教材

工程造价概论
（第二版）

吴佐民　等编著
刘伊生　王雪青　主审

中国建筑工业出版社

图书在版编目（CIP）数据

工程造价概论 / 吴佐民等编著 . —2 版 . —北京：
中国建筑工业出版社，2023.7（2024.8重印）
住房和城乡建设部"十四五"规划教材　教育部高等
学校工程管理和工程造价专业教学指导分委员会规划推荐
教材
ISBN 978-7-112-28794-9

Ⅰ.①工… Ⅱ.①吴… Ⅲ.①建筑造价管理－高等学
校－教材 Ⅳ.① TU723.3

中国国家版本馆 CIP 数据核字（2023）第 100880 号

本书是住房和城乡建设部"十四五"规划教材，主要用于工程造价专业及建设工程类其他专业的"工程造价概论"课程的教学。

本书主要内容包括工程造价专业的学科定位、培养目标与知识结构，工程造价管理的相关概念、内容，工程计价的基本原理与方法，我国工程造价管理的发展成就与方向、工程造价管理体系，国际工程造价管理情况以及现代工程造价管理方法等。

本书概念准确、理论性强、内容新颖、紧密联系工程造价管理的工程实践，可供政府管理部门、建设单位、设计单位、工程咨询单位、科研单位和施工单位参考。

为更好地支持相应课程的教学，我们向采用本书作为教材的教师提供教学课件，有需要者可与出版社联系，邮箱：jckj@cabp.com.cn，电话：（010）58337285，建工书院https://edu.cabplink.com（PC端）。

扫码获取复习
思考题答案

责任编辑：张　晶　王　跃
责任校对：党　蕾
校对整理：董　楠

住房和城乡建设部"十四五"规划教材
教育部高等学校工程管理和工程造价专业教学指导分委员会规划推荐教材
工程造价概论
（第二版）
吴佐民　等编著

刘伊生　王雪青　主审

*

中国建筑工业出版社出版、发行（北京海淀三里河路9号）
各地新华书店、建筑书店经销
北京雅盈中佳图文设计公司制版
天津安泰印刷有限公司印刷

*

开本：787毫米×1092毫米　1/16　印张：12½　字数：265千字
2023 年 8 月第二版　2024 年 8 月第三次印刷
定价：39.00元（赠教师课件）
ISBN 978-7-112-28794-9
（41243）

出版说明

党和国家高度重视教材建设。2016年，中办、国办印发了《关于加强和改进新形势下大中小学教材建设的意见》，提出要健全国家教材制度。2019年12月，教育部牵头制定了《普通高等学校教材管理办法》和《职业院校教材管理办法》，旨在全面加强党的领导，切实提高教材建设的科学化水平，打造精品教材。住房和城乡建设部历来重视土建类学科专业教材建设，从"九五"开始组织部级规划教材立项工作，经过近30年的不断建设，规划教材提升了住房和城乡建设行业教材质量和认可度，出版了一系列精品教材，有效促进了行业部门引导专业教育，推动了行业高质量发展。

为进一步加强高等教育、职业教育住房和城乡建设领域学科专业教材建设工作，提高住房和城乡建设行业人才培养质量，2020年12月，住房和城乡建设部办公厅印发《关于申报高等教育职业教育住房和城乡建设领域学科专业"十四五"规划教材的通知》（建办人函〔2020〕656号），开展了住房和城乡建设部"十四五"规划教材选题的申报工作。经过专家评审和部人事司审核，512项选题列入住房和城乡建设领域学科专业"十四五"规划教材（简称规划教材）。2021年9月，住房和城乡建设部印发了《高等教育职业教育住房和城乡建设领域学科专业"十四五"规划教材选题的通知》（建人函〔2021〕36号）。为做好"十四五"规划教材的编写、审核、出版等工作，《通知》要求：（1）规划教材的编著者应依据《住房和城乡建设领域学科专业"十四五"规划教材申请书》（简称《申请书》）中的立项目标、申报依据、工作安排及进度，按时编写出高质量的教材；（2）规划教材编著者所在单位应履行《申请书》中的学校保证计划实施的主要条件，支持编著者按计划完成书稿编写工作；（3）高等学校土建类专业课程教材与教学资源专家委员会、全国住房和城乡建设职业教育教学指导委员会、住房和城乡建设部中等职业教育专业指导委员会应做好规划教材的指导、协调和审稿等工作，保证编写质量；（4）规划教材出版单位应积极配合，做好编辑、出版、发行等工作；（5）规划教材封面和书脊应标注"住房和城乡建设部'十四五'规划教材"字样和统一标识；（6）规划教材应在"十四五"期间完成出版，逾期不能完成的，不再作为《住房和城乡建设领域学科专业"十四五"规划教材》。

住房和城乡建设领域学科专业"十四五"规划教材的特点，一是重点以修订教育部、住房和城乡建设部"十二五""十三五"规划教材为主；二是严格按照专业标准规范要求编写，体现新发展理念；三是系列教材具有明显特点，满足不同层次和类型的学校专业教学要求；四是配备了数字资源，适应现代化教学的要求。规划教材的出版凝聚了作者、主审及编辑的心血，得到了有关院校、出版单位的大力支持，教材建设管理过程有严格保障。希望广大院校及各专业师生在选用、使用过程中，对规划教材的编写、出版质量进行反馈，以促进规划教材建设质量不断提高。

住房和城乡建设部"十四五"规划教材办公室

2021 年 11 月

序 一

教育部高等学校工程管理和工程造价专业教学指导分委员会（以下简称教指委），是由教育部组建和管理的专家组织。其主要职责是在教育部的领导下，对高等学校工程管理和工程造价专业的教学工作进行研究、咨询、指导、评估和服务。同时，指导好全国工程管理和工程造价专业人才培养，即培养创新型、复合型、应用型人才；开发高水平工程管理和工程造价通识性课程。在教育部的领导下，教指委根据新时代背景下新工科建设和人才培养的目标要求，从工程管理和工程造价专业建设的顶层设计入手，分阶段制定工作目标、进行工作部署，在工程管理和工程造价专业课程建设、人才培养方案及模式、教师能力培训等方面取得显著成效。

《教育部办公厅关于推荐2018—2022年教育部高等学校教学指导委员会委员的通知》（教高厅函〔2018〕13号）提出，教指委应就高等学校的专业建设、教材建设、课程建设和教学改革等工作向教育部提出咨询意见和建议。为贯彻落实相关指导精神，中国建筑出版传媒有限公司（中国建筑工业出版社）将住房和城乡建设部"十二五""十三五""十四五"规划教材以及原"高等学校工程管理专业教学指导委员会规划推荐教材"进行梳理、遴选，将其整理为67项，118种申请纳入"教育部高等学校工程管理和工程造价专业教学指导分委员会规划推荐教材"，以便教指委统一管理，更好地为广大高校相关专业师生提供服务。这些教材选题涵盖了工程管理、工程造价、房地产开发与管理和物业管理专业主要的基础和核心课程。

这批遴选的规划教材具有较强的专业性、系统性和权威性，教材编写密切结合建设领域发展实际，创新性、实践性和应用性强。教材的内容、结构和编排满足高等学校工程管理和工程造价专业相关课程要求，部分教材已经多次修订再版，得到了全国各地高校师生的好评。我们希望这批教材的出版，有助于进一步提高高等学校工程管理和工程造价本科专业的教学质量和人才培养成效，促进教学改革与创新。

教育部高等学校工程管理和工程造价专业教学指导分委员会

序　二

　　本书对高等学校工程造价专业定位、培养目标、知识结构和能力要求进行了深入、全面的剖析；对工程计价、工程造价、工程造价管理等基本概念和基本理论作了准确的阐述；对市场经济体制工程计价的基本原理和方法作了积极和有益的探索；介绍了现代工程管理的全寿命周期价值管理、全面造价管理、标杆管理、集成管理和信息管理等有关理论和知识，并对数字技术背景下的工程造价管理新方法作了前瞻性分析。

　　非常荣幸应邀为本教材作序。本书稿字里行间倾注了作者对工程造价的深入研究和心血，体现了作者多年来对工程造价专业理论研究与工程实践知识的积累。愿更多富有实践工作经验的同事们积极参与高校教材的编写工作，共同为我国教育事业面向国际、面向未来和面向工程作出有益的贡献。

丁士昭

2019 年 3 月 19 日

序 三

1984 年，国务院发布了《关于改革建筑业和基本建设管理体制的若干意见》，意见提出了引入市场经济的做法，改革建筑业和基本建设管理体制的 16 项措施。为配合这一改革，工程造价管理方面，提出了"统一量、指导价、竞争费"的改革思路，使工程造价管理从计划经济向市场经济迈出了第一步。2003 年，为了适应加入世界贸易组织和社会主义市场经济发展的需要，建设部发布了《建设工程工程量清单计价规范》，提出了"政府宏观调控、企业自主报价、竞争形成价格、监管行之有效"的工程计价改革思路，并不断得到传承与发展。多年来，工程造价改革与建筑业改革，以及国家经济体制改革息息相关，同步推进，取得了好的成效。与此同时，为了适应市场经济体制下，发承包双方对价值管理、成本管理和工程博弈的需要，1996 年，国家建立了造价工程师执业资格制度和工程造价咨询企业管理制度，造价工程师广泛服务于业主、设计、咨询、施工、银行等企业，也遍布投资管理、建设管理、审计等政府主管部门，既满足了市场主体对人才的需要，也促进了工程造价人员业务水平和社会地位的不断提升。

2012 年，教育部将工程造价专业纳入《普通高等学校本科专业目录》。支持工程造价专业的学科建设是每一个工程造价专业人员应尽的职责。吴佐民同志在 30 多年的工程造价管理工作中，从专业工作到行业管理，始终勤于思考，身体力行，积累了丰富的专业知识和管理经验，并编撰了大量的工程造价管理标准等文献，得到了行业的认可与广泛使用。这本《工程造价概论》阐述了工程造价的专业定位、培养目标和知识结构；工程造价管理相关的基本概念，工程计价的基本原理和方法；我国的工程造价管理体系；以及现代工程造价管理的发展方向等。相信本书的出版，对大家进一步了解工程造价专业的发展历程、工程造价专业知识，把握工程造价管理的发展方向，会起到积极的作用。

徐惠琴

2019 年 2 月 20 日

第二版前言

《工程造价概论》是应原住房城乡建设部高等学校工程管理和工程造价学科专业指导委员会的要求，根据《高等学校工程造价本科指导性专业规范》编写的，并获评住房和城乡建设部"十四五"规划教材。该书第一版于2019年出版发行，获得了高等学校工程管理和工程造价专业师生的肯定，并广泛使用。

2020年7月，住房和城乡建设部发布了《工程造价改革工作方案》，明确提出"要加快转变政府职能，优化概算定额、估算指标编制发布和动态管理""取消最高投标限价按定额计价的规定，逐步停止发布预算定额，引导建设单位根据工程造价数据库、造价指标指数和市场价格信息等编制和确定最高投标限价"。2021年6月，国务院发布了《关于深化"证照分离"改革进一步激发市场主体发展活力的通知》，取消了工程造价咨询企业资质认定。上述工程造价管理的改革举措，都要求对本书的内容进行相应的修订。

为了进一步提升本书的质量，再版时进行了全面的审阅与修改，具体修订分工如下：第1章由李杰、吴佐民修订，第2章由李丽红、吴佐民修订，第3章由吴佐民、赵金煜修订，第4章由吴佐民、郭静娟修订，第5章由郭静娟、李成栋修订，第6章由王丹、荀志远、吴佐民修订，第7章由吴佐民、竹隰生、潘敏、吴泽斌修订。本书由刘伊生教授和王雪青教授主审。

感谢对本书的编写作出指导与贡献的刘伊生、王雪青教授、丁士昭教授和徐惠琴司长，以及参与编写的各位老师和同事！

吴佐民

2023年5月8日

第一版前言

2012年，教育部将工程造价专业纳入《普通高等学校本科专业目录》。如何培养基础扎实、市场适用的工程造价专业人才一直是我们教育工作者所关心的问题。2015年住房和城乡建设部高等学校工程管理和工程造价学科专业指导委员会编制了《高等学校工程造价本科指导性专业规范》，并在此基础上，该委员会组织高校教师和业界专家共同进行工程造价专业本科核心教材的编写，这本《工程造价概论》便是其中之一。

改革开放四十多年来，工程造价管理随着经济体制的改革而不断变革，工程造价管理的思想、方法和技术有了较大的发展。本书立足于工程造价专业的市场化发展，介绍了工程造价专业的学科定位、培养目标与知识结构，工程造价专业的学生最终成为造价工程师的能力要求，工程造价管理的相关概念与内容，工程计价的基本原理与方法，我国工程造价管理的发展成就与方向、工程造价管理体系，国际工程造价管理情况，以及工程经济分析方法和现代工程造价管理新方法等。

本书由吴佐民主编，具体修订分工如下：第1、2、3、4、6、7章由吴佐民编写；第5章由李成栋编写；第3章由周杰、张兴旺协助编写；第7章由叶进协助编写部分内容。在编写过程中刘伊生教授提供了他的"建设工程全面造价管理"课题研究成果，成为第7章内容的重要支撑。

在本次编写过程中，刘伊生教授不仅提供了宝贵的资料，还对本书的纲目、内容给予了多次指导，并亲自担任本书的主审，在成稿后又提出了细致的修改意见，在此表示衷心的感谢！感谢王雪青教授参加本书的审定！更要感谢徐惠琴司长、丁士昭教授为本书作序！

由于作者水平有限，本书缺点和错误之处在所难免，敬请大家批评指正！作者将不胜感激！

吴佐民

2019年3月22日

目　录

第1章

工程造价专业概述

【教学提示】

本章是工程造价专业的导入性内容，应通过对工程与工程管理、工程造价与工程造价管理等涵义的了解来理解工程造价专业，并通过介绍工程造价专业的设立与发展过程、《高等学校工程造价本科指导性专业规范》的要求等内容，来把握工程造价的专业特点、专业定位、培养目标、素质要求等，为工程造价专业学生最终的就业和发展提供职业指引。

1.1　工程与工程管理

1.1.1　工程的含义

关于工程的定义很多，差别也很大。《辞海》的解释为："土木建筑或其他生产、制造部门用比较大而复杂的设备来进行的工作"。就建设工程而言，何继善院士的《工程管理论》定义为："工程是人类为了生存和发展，实现特定的目的，有效地利用资源，有组织地集成和创新技术，创造新的'人工自然'，直到该'人工自然'退役的全过程活动"。大不列颠百科全书对工程的定义为："工程是应用科学知识使自然资源最佳地为人类服务的一种专门艺术"。一般来说，工程具有技术集成性和产业相关性。并且，它与创造新的"人工自然"与改变"自然物"的性状是相辅相成的。

从工程的字面看，它含有两层基本含义。"工"在古代最早反映的是工具，目前具有科学和技术的含义，"程"原本是一个计量单位，后来逐步衍生为标准、规范、管理等一系列概念，目前被赋予程序和组织管理的含义。技术和管理一直是工程建设所必须的两个方面，这是一个基本内涵。因此，建设好一个工程，一是要受科学与技术方面的影响或制约，二是也必须有合理的工程组织与工程管理。

1.1.2　工程管理

工程管理是对工程活动进行的管理，包括工程的决策、计划、组织、协调、指挥和控制等，从而为建设项目的增值提供服务。对工程管理应从职能、过程、要素和哲学四个维度加以认识。职能是指工程的决策、计划、组织、协调、指挥与控制等；过程是指工程全寿命周期的管理，即前期的论证、决策、设计，中期的建设实施，建成后的运行维护，直至退役的管理；要素是指对工程活动中的质量、费用、工期、安全、技术、环境保护与可持续性、合同、风险、信息、文化等进行的集成管理；哲学层面是指工程活动中人的地位与作用，人与人、人与工程、工程与社会、工程与自然的关系以及科学技术与艺术的关系。

工程管理包括狭义的工程管理和广义的工程管理。狭义的工程管理是以工程过程为对象的管理，对建设项目或建设工程的实施进行管理，主要工作贯穿于工程规划与论证、决策、工程勘察与设计、工程的交易、工程施工与验收，以及工程的维护与运营、工程的拆除等过程。广义的工程管理还包括对重要复杂的新产品、设备、装备在开发、制造、生产过程中的管理，包括技术创新、技术改造、转型的管理，产业、工程和科技的发展布局与战略的研究与管理等。本书的研究对象主要是指狭义的工程管理，即建设项目的工程管理，限于建设工程领域的建设过程和管理要素等。工程造价管理是工程管理的重要内容和关键工作，是要在建设工程项目全寿命周期内对所发生的费用进行管理。工程管理的目的是在特定的时间、空间、资源、政治、文化等多种条件的约束下达到预计的建设目标，产生经济效益或社会效益。

1.1.3　工程的分解与分类

为了工程管理或工程造价管理的需要，一般要进行工程的分类与分解。在工程类别上，《建设工程分类标准》GB/T 50841—2013 对建设工程的分类进行了规定，建设工程按自然属性分为建筑工程、土木工程和机电工程三大类；按使用功能可分为房屋建筑工程、铁路工程、公路工程、水利工程、市政工程、矿山工程、水运工程、林业工程等。建筑工程按照使用性质可划分为民用建筑工程、工业建筑工程、构筑物工程及其他建筑工程等；按照组成结构可分为地基与基础工程、主体结构工程、建筑屋面工程、建筑装饰装修工程、建筑环境与设备工程、室外建筑工程等。土木工程可分为道路工程、轨道交通工程、桥涵工程、隧道工程、水工工程、矿山工程、架线和管沟工程、其他土木工程等。机电工程可分为机械设备工程、静设备与金属结构工程、电气工程、自动化控制仪表工程、建筑智能化工程、管道工程、消防工程、净化工程、通风空调工程、设备及管道防腐与绝热工程、工业炉工程、电子与通信工程等。

在工程的建设过程中，在一个建设项目的组成上可以依次分解为单项工程、单位工程、分项工程、分部工程。建设项目是指一个按照总体规划或设计进行建设的，由一个具有独立使用功能的单项工程或由若干个互有联系的单项工程组成的系统工程项目。单项工程是指具有独立的设计文件，建成后可以独立发挥生产能力和使用功能的工程项目。单项工程是建设项目的组成部分，一个工程项目有时可以仅包括一个单项工程，也可以包括多个单项工程，如工业项目的某个车间，某个小区的某栋建筑。单位工程是指具备独立设计文件，能够独立组织施工，但不能独立发挥生产能力或使用功能的工程项目。单位工程是单项工程的组成部分，如工业厂房工程中的土建工程、设备安装工程、装饰装修工程等。分部工程是指将单位工程按专业性质、建筑部位等划分的工程项目，如土石方工程、桩基工程、砌筑工程、混凝土工程、门窗工程、防水工程、通风与空调、建筑智能化等。分项工程是指将分部工程按主要工种、工程构造、施工工艺等划分的工程单元。例如，平整场地、土方回填、钢筋、模板、混凝土等。图 1-1 所示为建设工程项目的组成，从图中可以看出建设项目、单项工程、单位工程、分部工程和分项工程之间的关系。因分部工程的内容和综合程度不同，有时将分部工程可以拆分成子分部工程，或直接拆分成分项工程，分项工程再进一步分解成工序。

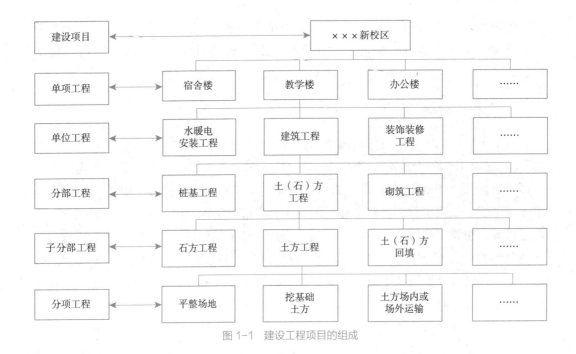

图 1-1　建设工程项目的组成

1.2　工程造价专业概况

1.2.1　工程造价的基本含义

工程造价可以从建设投资和工程交易价格两个主要方面理解其含义。所谓的建设投资，从投资方的角度看是指建设项目的投资，即为建设一项工程或工程的某个部分所支付的项目投资；所谓的工程交易价格，是以工程这种特定的商品形成作为交换对象，通过招标投标、承发包或其他交易形成，在进行多次性预估的基础上，最终由市场形成的工程采购价格，该工程交易的发包人是投资人或建设单位，该工程的承包人是承包商或施工单位，该工程价格从施工企业成本管理角度应涵盖该工程建设的工程成本，并应有一定的利润所得。

工程造价管理作为工程管理的主要组成部分，主要针对工程项目的建设，全过程、全方位、多层次地运用技术、经济及法律等手段，通过对项目建设过程中工程造价的预测、优化、控制、分析、监督等，以获得资源的最优配置和建设项目最大的投资效益。它在项目投资决策、工程建设、项目运营过程中，形成了对包括投融资策划、项目决策、勘察设计、工程交易、工程施工、监造检验、运营维护等专业化服务在内的多阶段、多要素、多专业的服务需求。此外，利用 BIM、云计算、大数据、物联网、移动互联网、人工智能、区块链等数字技术也正在成为引领工程造价管理转型升级的新发展战略；因此，传统意义上的工程造价管理逐步向全过程工程咨询和数字造价管理拓展与延伸将成为行业发展的必然趋势。

从工程造价在项目管理中发挥的作用来看，主要体现在三个方面，一是建设单位的价值管理，二是工程招标投标或工程交易阶段的合同价款管理，三是施工单位的成本管理。工程造价专业学生工作后要首先通过熟悉多阶段工程计价的理论与方法，在建设项目决策和设计阶段可以相对准确地进行的工程估价；在工程交易阶段可以进行工程交易价格的分析，参与招标投标、合同价款的确定等工程交易工作；在项目施工过程中，能够与技术、管理人员等配合共同实现工程的建设，并且围绕工程施工组织、工程成本进行管理，并以此来积累经验为建设单位项目价值管理、工程价格博弈奠定基础。

按照上述解释我们工程造价专业本质上是工程造价管理专业，即我们将从事的工作将是工程造价管理活动，而在一般人的口语化表述上工程造价有时隐含了"管理"的意思。我们将在后续的课程中对工程造价、工程计价、工程造价管理的概念与内涵进行深入的定义与剖析。

1.2.2 工程造价专业的发展历程

从古至今，我国建立了无数伟大而壮美的工程，如时代最久且仍在使用的水利工程——都江堰、最长的人工运河——京杭大运河、最大规划的宫廷建筑群——北京故宫等，这些伟大工程的背后，是我国工匠对工程造价管理思想与方法的积累。工程造价专业源于工程建设进行工料计划与管理的一个技术岗位，随着历史长河的前移，工程造价管理体系逐渐形成。在中国古代，在进行宫殿、陵寝、坛场、祠庙等国家工程建设事务中，就有征集匠师、人工，进行建筑材料的征调、采购、运输、制造等的官员与工匠，这些征集与采购必然要根据工程的整体需要和进度进行科学的工料估算与计划。在西周时期就出现了负责工程丈量、营造的"量人"；东周时期的《考工记》最早记载了体现工程预算与造价思想的文字；北宋著名建筑学家李诫编写的《营造法式》是官方发布的建筑设计与施工规范，为编制预算和组织施工制定了严格的标准，是我国工程造价管理发展的重要一步；1734 年，清工部颁布《工程做法》，为清朝制定合理的定额制度提供了充足的依据；梁思成结合《工程做法》与《营造法式》出版的《清式营造则例》详列了 27 种建筑物的各部尺寸单和瓦石油漆等材料的算工算账法，体现了我国古代建筑定额制度的成熟。

在发达的市场经济国家，以英国为代表的工料测量师（Quantity Surveyor）已经有了 200 多年的历史，1868 年英国皇家测量师协会，经过 150 年的持续建设，形成了一套从学历教育、专业发展、教育认证、资格认证、持续教育到国际合作的制度和服务体系。美国的造价工程师（Cost Engineer）制度形成于 20 世纪中叶，1956 年美国造价工程师协会（AACE）成立，也开展了资格认证、持续教育、国际合作等工作，美国造价工程师更多地强调技术背景，并强调工期与成本的关联，强调全面项目管理，所以AACE 一直居于造价工程师、项目经理、项目控制、工程索赔专家等的领导地位。

我国的工程造价专业学历教育分为中职、高职、本科和研究生教育四个层次。其中开展本科教育最早的是 1986 年在南方冶金学院（现江西理工大学）经国家有色金属工业总公司批准设立的工程造价管理专业。1998 年教育部对高等学校专业进行了统一管理，设立工程管理专业，内设项目管理、投资与工程造价管理、房地产开发与管理、物业管理和国际工程管理五个专业方向，很多学校在工程管理专业内设立了投资与工程造价管理方向，目前在以工程管理大类招生的学校中有的仍然在开设工程造价管理方向，并将其并入工程管理专业内。2002 年天津理工大学经教育部批准在经济管理学院设立工程造价专业，2003 年正式招生，并授予工学学士学位，但当时尚属于目录外专业。2004 年重庆大学、福建工程学院等院校开始招收工程造价本科专业学生。近 20 年来，我国基本建设规模持续增长，市场对工程造价专业人才的需求旺盛，为了适应工程建设行业对工程咨询人才数量和工程咨询行业人才培养专业化的需求，2012 年教育部将工程造价专业正式纳入《普通高等学校本科专业目录》，该目录将工程造价专业设置在管理科学与工程一级学科下，专业代码为 120105，该专业毕业生可以授予管理学或工学学士学位。北京建筑大学的工程造价专业就是在该背景下从工程管理专业分设出来的。此外，随着近年来我国职业教育本科的发展，从 2019 年开始教育部逐步批准在山东工程职业技术大学、广东工商职业技术大学等院校设立职业教育工程造价本科专业。根据阳光高考网统计数据，2022 年全国（内地）共有 292 所高校具有工程造价本科专业招生点，有 95% 以上设于土木工程学院、建筑工程学院或管理学院、经济与管理学院。自 2012 年工程造价专业正式列入《普通高等学校本科专业目录》后，2013~2017 年，开设工程造价本科专业的高校数量得到快速增长，至 2017 年达到 243 所，其后增长速度放缓。2012~2022 年全国工程造价本科专业招生总人数快速增长。10 年间，工程造价本科专业招生总人数增长 5.86 倍，从 2012 年的 4234 人增加到 2022 年的 24811 人。但从各地近 5 年的招生数量看，总体趋于平稳，专业热度比较稳定。

与此同时，近年来高职和中职院校的工程造价专业招生热度不减，据统计，截至 2022 年 6 月已经开设工程造价专业的高职高专院校超过 600 所。

1.3　工程造价专业的定位与培养目标

1.3.1　工程造价专业定位

2015 年住房和城乡建设部高等学校工程管理和工程造价学科专业指导委员会出版了《高等学校工程造价本科指导性专业规范》（以下简称《专业规范》），《专业规范》提出了总体的专业定位，即工程造价专业毕业生能够在建设工程领域的勘察、设计、施工、监理、投资、招标代理、造价咨询、审计、金融及保险等企事业单位、房地产领域的企事业单位和相关政府部门，从事工程决策分析与经济评价、工程计量与计价、工程造价控制、工程建设全过程造价管理与咨询、工程合同管理、工程审计、工程造价鉴定等方面的技术与管理工作。

在专业具体定位方面，各学校可以根据自身的办学条件来进行专业的定位，一是要考虑学校本身的教学定位，如研究型大学和应用型大学；二是要考虑学校开办工程造价专业的区域或专业优势，如土木工程类院校一般立足于地方房屋建筑工程和市政工程人才的需求，原专业部委所属的专业工程院校多立足于各类专业工程，如交通大学立足于交通工程、电力大学立足于电力工程。多年来，正因为各学校的专业背景不同，专业定位也有一定的差异，主要形成了三个代表性类型。一是以重庆大学、福建工程学院、华北电力大学为代表的依托土木工程或专业工程技术为基础的技术类背景院校；二是以天津理工大学、广州大学为代表的依托管理科学与工程为基础的管理类背景院校；三是以广西财经学院、西安财经学院为代表的依托经济学基础的经济类背景院校。

1.3.2　工程造价专业的培养目标

《专业规范》提出了工程造价专业确定的培养目标，即培养适应社会主义现代化建设需要，德、智、体全面发展，掌握建设工程领域的基本技术知识，掌握与工程造价管理相关的管理、经济和法律等基础知识，具有较高的科学文化素养、专业综合素质与能力，具有正确的人生观和价值观，具有良好的思想品德和职业道德、创新精神和国际视野，全面获得工程师基本训练，能够在建设工程领域从事工程建设全过程造价管理的高级专门人才。此外，从工程造价专业评估（认证）的角度来看培养目标能反映学生毕业后5年左右在社会与专业领域预期能够取得的成就，所以部分院校将学生工作后获得一级造价师或（和）咨询工程师（投资）执业资格也作为人才培养的目标。

根据《专业规范》要求，高等院校工程造价专业教学应注重以下知识的学习和能力的培养：

（1）通过系统的政治学习、人文、美学等课程，培养和树立学生科学的世界观、人生观和正确的价值观，培养学生的职业责任和社会责任，培养高尚的思想品质、积极向上的生活态度。

（2）通过土木工程技术（或专业工程技术）的学习和工程实践等，通过扎实学习并掌握某项工程技术基础，为毕业后尽快认知工程，进入工程角色打下坚实的技术基础。

（3）系统学习经济学、管理学的理论知识，全面了解项目管理、工程经济和建设工程法律法规等基本理论、方法，具备综合运用工程管理理论，进行技术经济分析的理念和基本技能。

（4）系统学习工程计量、工程计价、工程造价管理的理论与方法，熟练掌握各阶段工程计量、工程计价的工具与技能，具备全面工程造价管理、价值管理的能力。

（5）系统学习计算机技术和现代信息技术知识，培养具有以互联网、大数据、人工智能为代表的信息技术应用意识，以及工程造价管理数据分析和数据资源化的能力。

（6）通过实习实训、社会实践、科学研究、专业竞赛、公益活动、劳动实践、国际交流、阅读习惯等训练培养学生的科学认知和科学素质，严谨的科学态度，科学的思维方式和创新精神，实践能力，以及国际视野。

今后我国将通过工业化和数字化促进建筑业的转型升级，工程造价行业也将要通过工程造价数据的积累，建立相应的指标和指数体系，利用大数据、人工智能等信息化技术来为工程造价管理提供依据，强化施工合同履约管理，推进工程总承包和全过程工程咨询。因此，工程造价专业人才培养要顺应建筑工业化、产业数字化的发展趋势，在新工科专业建设的背景下，注重理念引领和结构优化创新人才培养模式，注重创新能力培养、强化实践环节、加强虚拟现实技术的应用，为人才质量提供保障。

1.3.3　工程造价专业人才成长路径

工程造价专业人才首先要学习工程算量与计价等基础能力，在此基础上掌握合同管理、项目管理专业等核心能力，并通过工程实践进一步形成全过程工程咨询和全寿命周期项目管理等的发展能力。根据目前部分院校中职、高职和本科工程造价专业人才培养目标的定位和业务能力的要求，工程造价专业各层次学历教育人才培养的专业能力和成长路径，如图1-2所示。

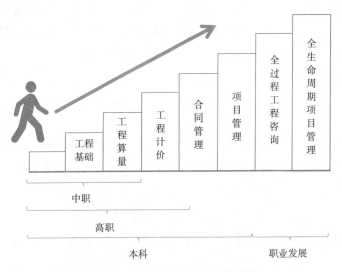

图 1-2　工程造价专业人才的成长路径

目前，大多数应用型本科院校工程造价专业以建设项目实施阶段项目管理中的投资、成本与价值管理为对象，以工程计量与计价为核心专业能力，其最重要的基础仍然是工程技术基础及相关知识。近年来，BIM技术逐步在项目建设中得以应用，广联达、斯维尔、晨曦等科技企业按照清单和定额等工程量计算规则开发了基于BIM技术的工程算量软件，极大地提高了工程量计算的效率和准确度，这是做好工程造价管理的前提之一，工程计量这类具有规范工程量计算规则的工作最终将会被人工智能所替代，随着技术的进步与迭代，仅具备工程计量专业基础能力的毕业生将面临一定的就业压力。此外，由于工程造价专业内容的可拓展性，未来工程造价专业的毕业生可以从事以投资管控为核心的项目管理、统筹规划项目价值、策划项目投融资、解决工程造价司法纠纷等高端业务，并通过数字技术实现工程项目的集成管理、标杆管理、价值管理和知识管理。

1.4 工程造价专业的知识结构与教学内容

1.4.1 工程造价专业的知识结构

由于工程造价专业脱胎于工程管理专业，目前两个专业仍归属在同一教学指导委员会，即2018年设立的教育部高等学校工程管理和工程造价专业教学指导分委员会。根据《专业规范》的要求，工程造价专业的学历教育要具有以下的知识结构：

（1）基本的人文社会科学知识：熟悉哲学、政治学、社会学、心理学、历史学等社会科学基本知识，掌握管理学、经济学、法学等方面的基本知识，了解文学、艺术等方面的基本知识。

（2）扎实的自然科学基础知识：掌握高等数学、工程数学知识，熟悉物理学、信息科学、环境科学的基本知识，了解可持续发展相关知识，了解当代科学技术发展现状及趋势。

（3）实用的工具性知识：掌握一门外国语，掌握计算机及信息技术的基本原理及相关知识。

（4）扎实的专业知识：掌握工程制图与识图、工程材料、土木工程（或建筑工程、机电工程）组成及构造、工程力学、工程结构、工程测量、工程施工技术、建筑设备等工程技术知识；掌握工程项目管理、工程定额原理、工程计量与计价、工程造价管理、运筹学、施工组织、工程风险管理等管理学知识；掌握工程经济学、会计学基础、工程财务等经济学知识；掌握经济法、建设法规、工程招标投标及合同管理等法学知识，熟悉工程计量与计价软件、工程造价信息管理等信息技术知识。

（5）相关领域的科学知识和专业知识：了解城乡规划、房屋建筑、市政工程、环境工程、设备及安装工程、电气工程、交通工程、园林工程，以及金融保险、工商管理、公共管理等相关专业的基础知识。

1.4.2 工程造价专业教学内容

《专业规范》将工程造价专业教学内容划分为知识体系、课程体系、实践体系和大学生创新训练四部分，通过有序的课堂教学、实践教学和课外活动，实现知识融合与能力提升。

1. 工程造价专业知识体系

工程造价专业课程体系包含了数学与自然科学类课程、工程基础类课程、专业基础类课程和专业类课程。知识体系包括知识领域、知识单元和知识点三级内容；知识单元分为核心知识单元和选修知识单元两种类型，核心知识单元提供专业知识体系的基本要素，是工程造价专业教学中必要的最基本教学内容；选修知识单元是指不在核心知识单元内的其他知识单元，选修知识单元由各高等学校根据自身办学定位、办学条件及支撑学科特点自主设置。在课程设置方面，课程知识体系覆盖土木工程及相关工程领域技术基础、管理学理论和方法、经济学理论和方法、法学理论和方法、计算机及信息技术五个知识领域，只是因专业设置或专业方向不同各自有所侧重。

（1）土木工程或其他工程领域技术基础

对土木工程或其他工程领域技术的认知与实践是工程造价专业人才的工作基础，没有对工程的认知就无法管理工程、驾驭工程，提升项目的价值。在技术平台的土木工程领域应完成的课程学习包括工程制图与识图、工程测量、工程材料、工程力学、房屋建筑学、工程结构、工程施工技术与施工组织。有条件的院校应开设建筑装饰、建筑环境与设备工程、建筑电气与智能化工程、园林绿化工程、市政工程等选学课程。

对于有较强专业背景的院校，如水利水电工程、交通工程、矿山工程、铁路工程等，在技术平台课程上，可以主修水利水电工程、交通工程、矿山工程、铁路工程等技术课程体系，可以辅修房屋建筑学、建筑结构与装饰、建筑环境与设备等课程。

（2）管理学理论和方法

工程造价专业的学生不同于技术类专业的学生之处就是因为有一定的管理学基础与习惯思维。在管理平台课程上要开设管理学原理、管理运筹学、工程项目管理、财务管理、工程招标投标与合同管理等课程。有条件的院校还应针对学校定位开设专门的工程合同管理、工程招标投标、国际工程合同管理等课程。

（3）经济学理论和方法

对工程经济的认知与实践是工程造价专业人才从事工程造价管理，提升项目价值的关键。在经济平台的基础课程方面要学习经济学原理、工程经济学、工程项目投融资等课程。根据学校的学科优势及专业特色，可设置金融学基础、会计学基础等相关专业基础知识课程。

（4）法学理论和方法

法学平台课程是为了支撑工程合同履约管理、工程招标投标管理和工程造价司法鉴定等业务需要而开设的，应开设经济法、工程建设法规等课程。

（5）计算机及信息技术

在计算机和信息技术、数字化技术日新月异的今天，计算机或信息类课程，非常有必要按平台类课程开设，主要应包括计算机与信息科学、建设工程管理信息技术、虚拟设计与施工、数据库技术与应用等课程。有条件的院校可以开设数字化与人工智能基础、计算机辅助设计基础等课程。

2. 专业核心课程体系

核心知识单元是工程造价专业知识体系中专业知识领域的最小集合，包含内容广泛，《专业规范》归纳了共计254个知识单元和1030个知识点，是工程造价专业学生必须掌握的必备知识。工程造价专业的核心课程应根据学校定位和培养目标开设相应的课程，其中包括通用性课程和专业性课程。

（1）通用性课程

通用性课程应包括工程造价概论、工程定额原理、工程计价原理与方法、工程造价管理、工程造价管理信息化等专业核心知识。有条件的院校可选择性开设工期与工程成本计划、工程审计、国际工程造价管理等课程。

（2）专业性课程

根据学校及专业特色，可设置与工程技术基础相适应的专业课程。如建筑或土木工程类地方院校，应开设建筑与装饰工程计量与计价、安装工程计量与计价、工程招标投标及项目管理模拟和工程项目成本管理等课程，可选学市政工程计量与计价、园林工程计量与计价、装配式建筑计量与计价、房地产项目开发管理等课程。具有水电、交通等专业背景和特色的院校应结合专业课程背景开设相关专业工程的计量与计价课程，并选学建筑工程计量与计价课程。

目前工程造价专业的课程体系基本上是按照政府投资项目与工程造价管理模式设置的。随着工程造价管理改革与市场化定价的逐步推广，目前非国有资本投资建设的房地产建设项目已经参照国外的工程量清单计价方式进行计价管理，这为工程造价专业课程体系的优化提供了新的方向，但是政府投资项目工程造价管理模式和非国有投资项目市场化计价模式的基本原理是相通的，现有工程造价专业的课程体系可以为学生学习并掌握非国有投资项目市场化计价模式奠定良好的基础。

3. 工程造价专业实践体系

工程造价专业实践体系包括各类实验、实习、设计、社会实践以及科研训练等方面。实践体系分实践领域、实践单元、知识与技能点三个层次。通过实践教学，培养学生分析、研究、解决工程造价管理实际问题的综合实践能力和科学研究的初步能力。

工程造价专业实验领域包括基础实验、专业基础实验、专业实验及研究性实验四个环节：

（1）基础实验实践环节：包括计算机及信息技术应用实验（实训）、物理实验等实践单元。

（2）专业基础实验实践环节：包括工程材料实验、工程力学实验等实践单元。

（3）专业实验实践环节：包括工程计价及造价管理软件应用实验、工程管理类软件应用实验等实践单元。

（4）研究性实验环节：可作为拓展能力的实践教学环节，各高等学校可结合自身实际情况，针对核心专业知识领域开设，以设计性、综合性实验为主。

工程造价专业实习领域包括认识实习、课程实习、生产实习和毕业实习四个环节：

（1）认识实习环节：按工程造价专业核心知识领域的相关要求安排实践单元，应选择符合专业培养目标要求的相关内容。

（2）课程实习环节：包括工程测量实习、工程现场实习以及其他与专业有关的课程实习（课程设计）。

（3）生产实习与毕业实习环节：各高等学校应根据自身办学特色及工程造价专业学生所需培养的综合专业能力，安排实习内容、时间和方式。

工程造价专业设计领域包括课程设计和毕业设计（论文）两个环节。课程设计和毕业设计（论文）的实践单元按专业方向安排相关内容。上述实践教学环节的教学目标、知识技能点见附录 B。社会实践及科研训练等实践教学环节由各高等学校结合自身实际情况设置。

4. 大学生创新训练

工程造价专业人才的培养应体现知识、能力、素质协调发展的原则，特别强调大学生创新思维、创新方法和创新能力的培养。大学生创新训练与初步科研能力培养应在整个本科教学和管理相关工作中贯彻和实施，要注重以知识体系为载体，在课堂知识教学中进行创新训练；应以实践体系为载体，在实验、实习和设计中进行创新训练；选择合适的知识单元和实践环节，提出创新思维、创新方法、创新能力的训练目标，构建和实施创新训练单元，实现课证融通、赛证融通。

（1）专业技能竞赛

工程造价专业学生在学习过程中可以参加各类专业技能竞赛，如中国建设工程造价管理协会与住房和城乡建设部高等教育工程管理和工程造价学科专业指导委员会共同主办的"全国高等院校工程造价技能及创新竞赛"、广联达、鲁班和晨曦等科技公司提供技术支持的各类工程计量与计价大赛、BIM 应用技术大赛、毕业设计大赛等专业技能竞赛，截至 2022 年 6 月，由广联达等主办的全国高校 BIM 毕业设计创新大赛已经连续举办八届，形成了较大的社会影响力。

（2）"1+X" 证书制度

2019 年 2 月，《国家职业教育改革实施方案》提出在职业院校、应用型本科高校启动"学历证书 + 若干职业技能等级证书"制度工作（简称"1+X 证书制度试点"），"1"是指学历证书，"X"是指若干职业技能等级证书。"1+X 证书"制度实现了对学历证书的有效补充，让学生掌握更多新型职业技能，进一步增强学生就业竞争力和发展潜力。目前，与工程造价专业相关度较高的职业技能等级证书包括建筑信息模型（BIM）和工程造价数字化应用等职业技能等级证书，部分教育机构和企业正在尝试"1+X"证书的职业技能培训和认证工作。

（3）创新创业活动

有条件的高等学校可开设创新训练的专门课程，如创新思维和创新方法、工程造价管理研究方法、大学生创新性实验等，这些创新训练课程也应纳入工程造价专业培养方案，顺应工程造价管理信息化数字化、全过程或全寿命周期工程造价管理的发展趋势，引导学生参加互联网＋大学生创新创业大赛。

工程造价专业应紧扣综合性强的特点，从模块化和综合性两方面进行能力培养。一是对涉及技术、管理、经济、法律和信息化等五大知识领域，学校应根据造价工程师和咨询工程师（投资）执业能力的要求，分层次、分模块设置相应的实践教学内容；二是在专业教学过程中强化信息技术的应用，将BIM技术融入专业核心课程的教学，在毕业实践性教学环节进行综合应用，以适应工程造价管理岗位和全过程工程咨询业务协作的要求；三是由于工程造价专业具有集管理与技术于一身的特点，其实践教学应充分借鉴管理类与技术类专业经验，从执业能力的综合培养入手，通过仿真现实工作场景，使学生参与工程管理实践和综合性的工程实践活动。总之，工程造价专业的教学环节，要加强对学生学到的理论知识进行综合运用训练，以达到对各层次职业发展的强化训练的目标。

1.5　工程造价专业毕业生就业与发展方向

1.5.1　毕业生的就业方向

高等院校工程造价专业本科毕业生就业范围相对较宽，主要有以下几个方面，并应具备和发展相应的专业能力。

（1）建设单位：主要是进行项目建设的大、中型企业，包括政府投资公司、房地产开发公司、城市基础设施和道路建设开发企业、工业和能源工程项目建设与运营企业、交通运输工程投资建设企业、农林及生态类投资建设企业等。建设单位工程造价专业人员主要应培养和发展项目的决策、融资管理与计划、设计管理、招标与合同管理、工程建设管理、投资的确定与控制等方面的能力。

（2）施工企业：主要是工程总承包、施工承包和工程分包的各类施工企业，以及与建筑工程、设备安装工程直接相关的制造企业，如钢结构制作安装企业，装配式建筑制造施工企业，空调、电梯等专业工程制作安装企业等。施工企业的工程造价专业人员主要培养和发展拟承接项目的投标文件编制和投标报价，进行工程的工料计划，工程的组织与成本管理，进行工程分包、材料及设备采购、劳务分包，进行工程结算等方面的能力。

（3）勘察设计企业：主要有房屋建筑工程设计、房屋建筑工程设备设计、市政工程设计、专业工程设计、工程勘察等企业。勘察设计企业的工程造价专业人员主要是培养和发展与设计人员进行配合进行方案比选与设计优化，编制投资估算、设计概算和施工图预算等，进行拟建项目的经济评价与价值管理等方面的能力。

（4）工程咨询、工程监理等咨询服务类企业：主要是工程咨询公司、工程造价咨询公司、工程监理公司、工程项目管理公司等。咨询服务类工程造价专业人员主要是培养受业主（主要是项目业主或政府）的委托从事投融资策划、项目决策分析、技术经济评价等前期咨询，项目设计管理咨询、方案比选与设计优化，工程计价与工程造价咨询，工程项目管理与合同管理，以及工程审计、工程造价鉴定等方面的能力。

（5）金融企业：包括银行、保险、投行等金融企业。金融企业的工程造价专业人员主要是培养服务于银行和保险机构评估、贷款、担保、质押、理赔等业务需要的配合尽职调查和咨询业务能力。

（6）政府部门、事业单位或社会组织等：包括从事基本建设投资、财政管理、工程建设与管理、工程审计等政府部门及其相关的事业单位、社会组织。政府部门、事业单位或社会组织的工程造价专业人员主要是培养和发展从事法规、政策的制定与执行、监管，以及工程造价管理、工程计价依据编制、工程计价信息服务、行业自律与服务等公共管理与服务能力。

（7）建筑信息科技公司等：主要围绕工程建设全寿命周期业务，基于 BIM、物联网、移动互联网、大数据和云计算等技术协助开发工程信息化管理软件与平台，为政府、业主、施工、咨询、设计和运营等参建方提供优质的产品和服务，协助工程建设参与方提升管理效率、降低工程成本、有效规划以及获取其他维度的更多收益。

1.5.2　研究生招生专业与方向

建筑绿色化、工业化与智能化、数字工程造价管理、全过程工程咨询、工程总承包和工程造价市场化计价等成为我国建筑业的发展趋势和工程造价咨询行业转型升级的发展方向，同时，工程造价咨询行业也不断同其他业务类型相互交融与渗透，使得工程造价管理业务工作越来越复杂，这些趋势和方向对工程造价专业人才提出了更高的要求，不仅要掌握以计量与计价为基础、合同管理为手段的专业能力，还应不断深化造价咨询工作的服务内容和层次，从单纯接受委托开展造价咨询服务工作转变到开展以造价为核心的项目管理，为委托方创造更大的价值，按照工程造价咨询服务清单和数字化背景下工程咨询服务的要求，通过研究生阶段的学习深造，积累专业知识、强化专业能力，并在工程实践中加以应用，不断提升工程造价咨询的服务层次，拓展工程造价咨询的服务领域。

1. 工程造价相关专业研究生的类型

按照培养目标和培养方式，工程造价相关专业研究生可分为学术型和专业学位研究生两种。专业学位与学术型学位处于同一层次，培养规格各有侧重，在培养目标上有明显差异。学术型学位按学科设立，其以学术研究为导向，偏重理论和研究，培养专业教师和科研机构的研究人员；而专业学位以专业实践为导向，重视实践和应用，培养在专业和专门技术上受到正规的、高水平训练的高层次人才，其突出特点是学术型与职业性紧密结合，从事具有明显职业背景的工作，如土木与水利专业。

2. 培养工程造价研究生人才的专业

由于工程造价管理是工程管理领域一个重要的方面，其专业知识体系以土木工程或其他工程技术专业、管理类专业等为基础，目前没有设置特定的专业培养工程造价专业人才，通常是在相关专业设置，依附于相应专业方向。一般认为工程造价专业属于管理学门类下的管理科学与工程一级学科中的工程管理方向，而工程造价专业的研究对象通常为土木建筑工程，因此工程造价专业研究生人才的培养常在管理类专业和土木类专业，如土木工程、管理科学与工程和技术经济及管理专业等学术型硕士，土木与水利、工程管理（MEM）、会计等专业型硕士，很多学校研究生招生简章在招生专业中设置了相应的专业方向，如天津理工大学在其管理科学与工程（120100）研究生专业中设置了投资决策与工程造价管理方向，沈阳建筑大学在会计专业型硕士方向中设置了工程财务与项目融资方向，更多的学校是在部分专业的工程项目管理、土木工程建造与管理等专业方向中培养工程管理领域专业人才，工程造价专业研究生的培养很多则是融入这些专业方向，值得注意的是工程管理硕士（MEM）必须是学生已经毕业并具备一定的专业实践经历后才能报考（一般指本科毕业到研究生入学时间满三年）。

3. 工程造价研究生考试与录取类别

大多数工程造价相关专业研究生入学考试是参加全国统一考试，其中外国语、政治和数学考试科目由教育部统一组织命题，专业科目一般由招生学校命题；工程管理硕士（MEM）则是参加由教育部批准的全国联合命题的考试，考试科目有管理类综合能力和外国语。

硕士生录取类别分为非定向就业和定向就业两种，定向就业的硕士研究生（如部分 MEM）均须在被录取前与招生单位、用人单位分别签订定向就业合同，定向就业硕士研究生毕业后回定向单位就业。非定向就业硕士研究生毕业时采取毕业研究生与用人单位"双向选择"的方式，落实就业去向，招生单位及所在地省级毕业生就业主管部门负责办理相关手续。

1.6 造价工程师的能力要求、标准和素质

1.6.1 造价工程师的能力要求

造价工程师分为一级造价师和二级造价师，高等院校工程造价专业的学生走上工作岗位，并从事专业工作后，最终应通过参加执业资格考试成为造价工程师，一般来说，工程造价本科专业将学生获得一级造价师作为毕业后预期能够取得的成就之一，同时根据岗位和工作需要也可以考取咨询工程师（投资）、建造师或律师等其他执业资格，不断提升自身的知识领域与发展能力。《造价工程师注册管理办法》明确了一级造价工程师的具体工作内容，包括：

（1）项目建议书、可行性研究投资估算与审核，项目造价分析。

（2）建设工程设计概算、施工预算编制和审核。

（3）建设工程招标投标文件工程量和造价的编制与审核。

（4）建设工程合同价款、结算价款、竣工决算价款的编制与管理。

（5）建设工程审计、仲裁、诉讼、保险中的造价鉴定，工程造价纠纷调解。

（6）建设工程计价依据、造价指标的编制与管理。

（7）与工程造价管理有关的其他事项。

工程造价专业本科毕业生开始就业就期望能够全面具备从事一级造价师主要工作内容的专业能力依然是困难的，其必须经过一个工程实践与工作的历练过程，这就要求根据自身的就业方向有所选择、有所侧重，并在就业的所属领域深入研究、有所发展。

工程造价专业学生就业后要始终牢记工程造价管理或工程管理要"源于工程，依托工程，最终要指导工程、驾驭工程"（原清华大学副校长袁驷在高等学校工程管理和工程造价学科专业指导委员会上的讲话）；工程造价专业的学生应重点夯实工程技术基础，加深对工程的认知与实践，尽可能多地全面、深入地了解工程案例，总结工程案例；工程造价专业的学生应与时俱进，熟悉计算机技术和现代信息管理技术，增强工程数据分析与资源化应用能力；工程造价专业的学生要精通先进工程管理、工程经济方面的理论、方法、技能，最终成为能够提升项目价值、参与工程博弈、进行成本管控，真正可以指导工程、驾驭工程的"造价工程师"。

1.6.2　造价工程师的能力标准

通过分析一级造价师和二级造价师的具体工作内容及其对相应能力的要求，可将造价工程师的能力分为基本能力、核心能力和专家能力。造价工程师的能力标准表见表1-1。

造价工程师的能力标准表　　　　　　　　　　　　　　　　　表 1-1

能力类别	技术平台	经济平台	管理平台	法律平台	信息平台
基本能力	工程计量	工程计价	成本管理	工程法规	软件使用能力
核心能力	方案比选	投融资策划	工程采购	工程变更	数据获取能力
	造价控制	项目评价	合同管理	工程索赔	数据加工能力
	全过程工程造价管理				
专家能力	设计优化	价值管理	风险管理	工程造价纠纷解决	信息集成管理
	施工方案优化	工程审计	集成管理	工程造价司法鉴定	信息资源化能力
	标准制定	技术经济指标与标准编制	管理制度建设	法规起草	

1. 基本能力

基本能力是造价工程师或工程造价专业人员最基础的能力，一般应通过本科或高等职业教育的学历教育，系统掌握工程造价专业的知识结构，特别是要全面掌握工程计量与计价的理论、方法与技能，为职业发展奠定基础。造价工程师的基本能力包括：工程计量、工程计价能力，工程成本计划与工程成本管理能力，以及常用工程造价管理软件的使用能力，这是就业于建设单位、设计单位、咨询单位、施工承包企业所必需的业务基础。

2. 核心能力

核心能力是造价工程师进行建设项目工程造价管理，所需要的执业能力，它要在基本能力的基础上建立起来，并在取得执业资格考试的过程中、工程实践的过程中进行培养。造价工程师的核心能力主要包括：

（1）工程造价管理技术方面的建设项目方案比选，工程造价控制能力。

（2）建设项目经济分析需要的投融资策划和建设项目经济评价能力。

（3）工程管理需要的建设项目招标投标、工程采购和工程合同管理能力。

（4）工程项目大多可能会引起工程造价纠纷和索赔，这就需要法律背景知识支撑的工程变更与工程索赔处理能力。

（5）进行工程计价、工程造价管理需要的计算机和信息技术支撑的数据获取与数据分析加工能力。

造价工程师的核心能力最终体现在工程造价的价值管理、集成管理方面，即全过程工程造价管理能力。

3. 专家能力

专家能力主要是在基本能力和核心能力的基础上，已有较高专业水准的专业人员通过知识综合拓展，所具备的专业高端服务能力，并且该能力随着工程相关法律法规的变化，工程技术、工程项目管理技术、工程经济理论、计算机和信息技术新的发展不断进行更新与调整。其主要包括·

（1）工程技术和工程计价方面。工程造价管理技术需要的设计优化、施工方案优化能力，以及工程造价管理相关标准制定能力。这是造价工程师提升项目价值，能够与工程技术人员进行配合，甚至是主动影响工程技术方案的综合服务能力，以及为行业发展提供最高端技术支撑和业务建设的工程造价管理标准的编制能力。

（2）工程经济方面。建设项目经济分析需要的工程审计和全寿命周期的价值管理能力，以及编制工程技术经济指标的能力。工程审计要全面把握工程资金的运用，正确把握法律和法规的有关规定，并深入工程实际情况，准确地、科学地为政府或委托单位出具审计意见。全寿命周期的价值管理能力是对造价工程师的最高要求，也是我们造价工程师在项目上、在事业上的较高追求，是专业最大的意义所在。工程技术经济指标是指导工程决策、工程设计以及工程施工的基础，这些技术经济指标的编制需要一级造价师既要积累资料，也要具备较高水平的项目划分、数据逻辑分析能力。

（3）工程管理方面。工程项目管理需要的风险管理、项目集成管理和工程管理制度建设能力。工程项目的风险管理、集成管理要求造价工程师具有丰富的工程管理经验，这是造价工程师从全过程工程造价管理能力向全面项目管理能力的跨越，是向最高端工程管理能力和岗位发展的迈进，有了这个能力我们才能称得上"驾驭工程"。有了这个能力，为了做好工程项目管理，就需要把自己的能力展示出来，也就是从服务项目或行业管理需要的高度，来建设工程项目管理制度。

（4）工程法律方面。在具备综合的工程造价管理能力、工程项目管理的理论和大量的工程实践的基础上，再加上较高的法律法规知识，造价工程师就可以拓展高端的工程造价纠纷业务，担任调解人、争议评审员、仲裁员和专家证人等，并具备工程造价管理法律法规、规章编制能力。

（5）工程计价信息服务方面。造价工程师的工作始终都会面对丰富的工程造价数据。在数字化的背景下，工程数据的数字化、资源化越来越引起信息产业的重视，造价工程师在工程计价信息服务方面可通过企业或行业大量数据的挖掘发展信息集成管理和信息资源化方面的能力。

造价工程师专家能力要通过其职业发展来获得，并非能够通过简单的培训来获得。当然，造价工程师在具备丰富知识和实践经验的基础上，其专家能力、发展能力也不会限于上述方面。

1.6.3　造价工程师的素质要求

造价工程师执业资格制度之所以能够在我国较早且顺利设置，主要是因为：一是工程造价管理是一个工程建设的关键岗位，其责任重大，必须重视执业操守，规范执业、严谨执业；二是工程价格是市场经济体制下，工程建设参与各方关注和博弈的焦点，是市场化发展的需要，要参照国际惯例，按照市场化、国际化的方向建设与发展；三是市场经济体制下需要大量工程造价专业人员从工程算量与计价向全过程和全寿命周期工程造价管理能力发展，需要更高的素质要求。

1996年造价工程师执业资格制度设立后，中国建设工程造价管理协会等陆续开展了造价工程师素质要求等方面的研究，基本形成共识。造价工程师在工程建设的关键岗位，肩负着依法、公平、公正、客观的执业要求，因此高等院校工程造价专业的教学应结合政治教学、德育教育、职业教育等着力从政治素质、文化素质、业务素质和身心素质四个方面加强教育与培养。

1. 政治素质

造价工程师要始终保持政治上的清醒和坚定，坚持党的领导，牢固树立四个意识，在政治上同党中央保持高度一致。实现、维护和发展人民群众的利益，始终承担起维护稳定的政治责任。具体到造价工程师政治素质的要求概括起来应体现为：一是坚定正确的政治方向；二是遵纪守法、客观、公正的执业意识和职业道德；三是勤劳朴实、爱岗敬业的服务精神。

造价工程师的政治素质可以归纳为"为事之德、为人之德、为政之德"三个方面。"为事之德"是说我们做事时应具备的道德准则。"曾子曰：吾日三省吾身。为人谋而不忠乎？"（《论语》），其本意是说：我每天多次反省自己，为别人做事是不是尽心尽力了呐！对造价工程师而言可以进一步要求为："为人谋，忠人之事、勤人之事、成人之事"。所谓"忠人之事"就是说我们做任何工作，要做到忠诚于你所服务的事务（或事业），如果你是国家工作人员，工作上要始终以国家利益、人民利益为重，不做任何损害国家和人民利益的事；如果你做企业，就要忠于你的企业，要成就于你的企业合法、健康、持续地发展；如果你为人家做咨询，要讲诚信，尽专业职责，忠于你的业主。所谓"勤人之事"就是要勤勤恳恳地做事，踏实肯干，不是靠投机取巧，应付差事。最终是"成人之事"，要练就一定的本事，成就于国家和人民、企业和委托人的事业。"为人之德"就是如何做人，许多人都会说，做事先做人，但人无完人，我们也无法要求别人做得完美。要按照高尚的标准追求事业与理想，修炼高尚的人格。"为政之德"要求作为政务人员或社会组织的人员，要牢记为人民服务的思想，牢记党的使命，用好人民赋予的权力，不辜负行业和工程造价专业人士的期望，努力为工程建设事业贡献自己的力量。作为企业家，也要树立为工程造价咨询行业健康和可持续发展的事业观，要树立引领造价工程师为行业贡献智慧的精神，在满足企业职工根本利益的同时，把事业做大、做精、做强、做出特色，以高度的社会责任感，约束自己和从业人员，从自己做起，杜绝急功近利、贪腐寻租等不正之风，不断提升行业的信誉与地位。

2. 文化素质

文化是指人类精神财富的总和。造价工程师所从事的社会活动已不是简单的工程计价方面的工作。从造价工程师执业范围看，建设项目前期工作将涉及对国家宏观经济的正确分析、理解与预测。工程承发包阶段和工程结算与工程经济纠纷的鉴定又将涉及大量法律、法规方面的知识。同时，造价工程师应具备较强的组织管理能力、文字表达能力和语言表达能力，以参与工程建设的经济管理。随着我国"一带一路"倡议和"工程建设走出去"战略的实施，造价工程师也必须借鉴国际上先进的工程造价管理经验，必须与不同语言的国外投资者和工程建设者打交道，这就要求造价工程师提升自身的文化底蕴和文化素质。

文化素质是一切智力工作的基础，虽然它不是与生俱来的，但是它贯穿每个人生命的始终。随着国际化和改革开放的深入，国际咨询业将抢滩进入中国市场，我们也将利用中国投资国际化的机遇，参与国际工程建设，尊重国际通行的法律、惯例和他国的文化，这也是我们文化素质的重要体现。

3. 业务素质

造价工程师的业务知识涉及国家的政治、经济、金融、法律、税收、工程等各个方面，本章已经进行了全面的论述，此处不再赘述。造价工程师的业务素质要通过政治素质、文化素质和知识结构以及社会实践等各个方面才能体现出来。任何一位造价工程师都难以适应工程造价执业范围内的所有工作，任何对造价工程师进行全方位、高标准要求的做法，都是不现实的，这就要求造价工程师在具备基本知识结构的前提下，在工作中对其涉及的专业知识能更加深入，形成具有一定特长的专门性人才。

业务素质的提高主要有两种途径，一是在项目的具体工作中通过社会实践来提高，这是最主要的方面，只有通过造价工程师本人自身的努力来实现；二是通过继续教育、经验交流等研修方式来提高。

4. 身心素质

身心素质是要求造价工程师有健康的心理素质和身体素质，以饱满的状态投入业务工作。始终能够理性、客观地分析事物，具有正确评价自己与周围环境的能力，具有较强的情绪控制能力，能乐观面对挑战和挫折，具有良好的心理承受能力和自我调适能力，养成健康的生活和工作习惯。

以上四种素质是相互关联的，其中政治素质是规范执业的前提，文化素质是工作的基础，业务素质是工作的核心，身心素质是工作的保证。造价工程师要养成持续学习的习惯，不断提高自身的四大素质。全体造价工程师也应共同努力，营造行业健康发展的良好环境，共同提高造价工程师这支队伍的整体素质，树立行业良好形象。

1.7　工程造价专业评估（认证）与"双一流"建设

1.7.1　工程造价专业评估（认证）

在专业评估（认证）方面，高等学校工程管理和工程造价专业认证（评估）均由住房和城乡建设部高等教育工程管理专业评估委员会实施。2019 年，住房和城乡建设部高等教育工程管理专业评估委员会正式启动了工程造价专业高等教育评估（认证）工作，进一步推动了工程造价专业的标准化建设。开展工程管理类专业评估认证的目的是加强国家和行业对高等学校工程管理和工程造价专业教育的宏观指导和管理，保证和提高专业的教育质量，其实质是按照事先定好的质量标准对人才培养体系进行评定，为与其他国家和地区相互承认同类专业的学历创造条件，也使得工程管理类专业毕业生符合国家规定的申请参加注册工程师考试的教育标准。

2020 年住房和城乡建设部高等教育工程管理专业评估委员会发布《高等学校工程管理类专业评估（认证）文件（适用于工程管理和工程造价专业）》（2020 年版，总第 4 版）规定工程管理类专业评估（认证）标准由通用标准和工程管理类专业补充标准两部分组成，通用标准借鉴了我国工程教育专业的认证理念和内容，补充标准则对工程管理或工程造价专业的课程体系、师资队伍和支持条件提出了明确的要求，通过对工程管理类的办学情况实施专业评估工作，以保证和提高高等学校工程管理类专业教育质量。与其他专业相比较，工程造价专业评估（认证）开展仅有三年。2020 年 5 月，重庆大学、沈阳建筑大学、江西理工大学的工程造价本科专业正式通过工程造价专业的首批评估（认证）。2021 年 5 月，天津理工大学和福建工程学院通过工程造价专业评估（认证）。目前，全国有 5 所高校已通过住房城乡工程造价专业评估（认证）。

1.7.2　工程造价专业"双一流"建设

进入新时代，为全面振兴本科教育，指导高校抓好工程造价专业内涵建设，2018 年教育部成立教育部高等学校工程管理和工程造价专业教学指导分委员会，全面指导全国高校工程管理和工程造价专业的建设和发展。

在工程造价一流专业建设方面，天津理工大学和青岛理工大学于 2019 年获批国家一流专业建设点；沈阳建筑大学和山东建筑大学于 2020 年获批国家一流专业建设点；华北水利水电大学、北京建筑大学、江西理工大学、重庆大学、长春工程学院、福建工程学院和西华大学于 2022 年获批国家一流专业建设点。至此，全国共有 11 所高校的工程造价专业获批成为国家一流专业建设点。

总体来说，工程造价专业经过不断调整，办学理念和教学内容更加适应新时期工程建设领域的发展新方向和国家基础设施建设的战略新需求，工程造价专业学生的招生和毕业规模在不断扩大，培养质量在逐步提升。

复习思考题

1. 请从职能、过程、要素和哲学四个维度阐述工程管理的含义。

2. 工程管理的目的是什么？

3. 建设工程项目在组成上可以依次分解为哪四个部分？它们之间的联系和区别是什么？请举例说明。

4. 工程造价可以从哪两个方面理解其含义？试分别进行阐述。

5. 工程造价在项目管理中发挥的作用主要体现在哪几个方面？

6. 成长为一名工程造价专业人才需要具备哪些能力？高等院校工程造价专业本科毕业生就业范围主要包含哪些方面？

7. 简要叙述造价工程师需要具备的核心能力。

第2章

工程造价管理相关概念
与基本原理

【教学提示】

本章通过讲解工程造价的概念及涵义，工程造价及建设项目总投资的构成，要求学生熟悉工程计价的概念、基本原理与方法，以及工程造价管理的概念、内容和基本原则等，以便为今后的工程造价专业课程学习打下坚实的基础。

2.1　工程造价的定义

现行《工程造价术语标准》GB/T 50875 对"工程造价"界定为"工程项目在建设期预计或实际支出的建设费用"。

从工程造价的定义看，包括四层涵义：

（1）工程造价的管理对象是工程项目，该工程项目可大可小，大的时候该工程可以是一个建设项目，其工程造价的具体指向是建设投资或固定资产投资；小的时候可以是一个单项工程、单位工程，也可以是一个分部工程或分项工程，其工程造价的具体指向是这部分工程的建设或建造费用。

（2）工程造价的费用计算范围是建设期，是指工程项目从投资决策开始到竣工投产这一工程建设时段所发生的费用。

（3）工程造价在工程交易或工程发承包前均是预期支出的费用，包括投资决策阶段为投资估算，设计阶段为设计概算、施工图预算，发承包阶段为最高投标限价，这些均是估价，是预期费用。在工程交易以后则为实际费用，均应是实际核定的费用，该费用的增减一般要依据合同作出，包括工程交易时的合同价，施工阶段的工程结算，竣工阶段的竣工决算。因此，在市场经济体制下，工程交易可以被视为工程价格的博弈时点，通过双方博弈最终由市场形成工程价格，并以建设工程合同形式载明合同价及其调整原则与方式。

（4）工程造价最终反映的是所需的建设费用或建造费用，不包括生产运营期的维护改造等各项费用，也不包括流动资金。

一直以来关于工程造价的概念也多有争论，主要原因在于工程造价管理既涵盖宏观层次的工程建设投资管理，也涵盖微观层次的工程项目费用管理，以及工程承包企业的成本管理，因此在涵盖内容上自然也会有不同的理解。特别是在建设工程实施增值税后，虽然我国已经发布的文件明确规定，工程造价包括增值税，但是，仍有意见认为因增值税是价外税，工程价格不应该包含增值税。因不同的施工单位或计税方式不同，工程交易价格中的增值税也是不同的，所以增值税应计入建设项目总投资，但不应计入工程单价和工程造价。此外，一个建设项目因融资方式不同，建设期利息等资金筹措费用也会有较大差距，因此，在工程造价中剔除资金筹措费用，为便于工程造价指标的分析比对，较好的做法是把资金筹措费用计入建设项目总投资，但不计入工程造价。因此，工程造价的构成是否应该包括建设期资金筹措费用和增值税，不能简单地以历史和文件、规定而论，这些还有待于进一步研究，但其目的是便于工程造价指标的积累和工程计价，便于技术经济分析与评价，便于与投资管理、税务管理、资产管理相契合，最终服务于工程造价的宏观管理与微观管理等。

2.2　工程造价的构成

2.2.1　建设项目总投资与工程造价

工程造价是建设项目总投资的重要组成。为了宏观管理或整个建设项目管理需要，一般以建设项目总投资、固定资产投资等反映国家基本建设投资情况，建设项目总投资是为完成工程项目建设并达到使用要求或生产条件，在建设期内预计或实际投入的全部费用总和。

生产性建设项目总投资包括固定资产投资和流动资产投资两部分。非生产性建设项目总投资一般不需要流动资金。造价工程师考试辅导教材中，我国现行建设项目总投资构成如图 2-1 所示。

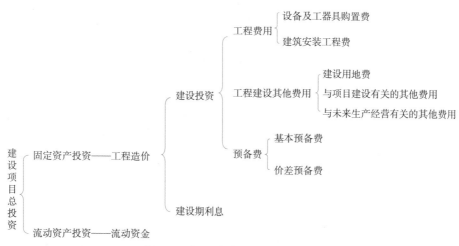

图 2-1　我国现行建设项目总投资构成

按照造价工程师考试教材的费用构成，工程造价包括建设投资和建设期利息两部分。建设投资是为完成工程项目建设，在建设期内投入且形成现金流出的全部费用。建设投资包括工程费用、工程建设其他费用和预备费三部分。

建设期利息即指在建设期内发生的债务资金利息，以及为工程项目筹措资金所发生的融资性费用，建设期利息这里不仅指债务资金的利息，还包括担保费、融资手续费等融资性费用，所以又称为建设期资金筹措费用。

工程造价是建设投资的最主要组成部分，也是工程造价管理和工程管理上的最主要研究对象。根据中国建设工程造价管理协会最新的《工程造价费用构成》研究成果，工程造价费用构成内容，如图 2-2 所示。

2016 年 3 月 23 日，财政部、国家税务总局颁布《关于全面推开营业税改征增值税试点的通知》（财税〔2016〕36 号）（以下简称《通知》），建筑业 2016 年 5 月 1 日开始

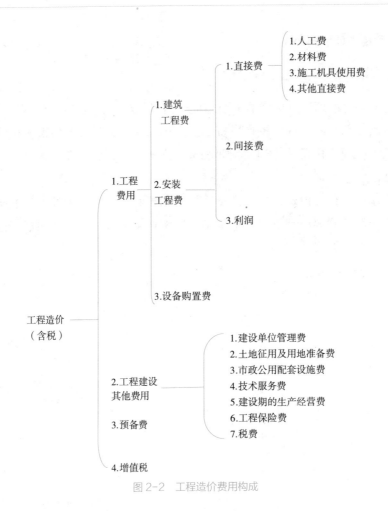

图 2-2　工程造价费用构成

由缴纳营业税改为缴纳增值税，适用的增值税税率为 11%，2018 年国务院实行减税措施降低为 10%，2019 年 4 月 1 日增值税的税率降至 9%，行业税负明显降低。因营业税属于价内税，在营业税的背景下，工程造价理应包括营业税，而增值税属于价外税，且增值税可以与企业经营一并汇算缴纳，所以在增值税背景下，工程造价不包括增值税更为合理，但大多数人还不适应这一习惯，所以会有含税工程造价和不含税工程造价两种表述。

开展《工程造价费用构成》研究时，对于工程造价是否应该包括增值税存在较大争议，本书对工程造价的构成以不含增值税进行表述。对于包括增值税的工程造价表述为工程造价（含税）。此外，对于工程造价是否应包括建设期利息也有较大争论，本教材考虑融资方式不同、注册资金的多少不同，对建设期利息有较大影响，为了保持工程造价的指标稳定性和可比性，将建设期利息从工程造价中剔除。

关于建设项目投资的相关概念除建设总投资、建设投资外，还有一个总资金的概念。总资金最早是用于核定基本建设投资规模时所使用的，包括固定资产投资和铺底流动资金，它一般在完成初步设计后，编制设计概算时核定。其中的铺底流动资金是指流动资金中建设单位自行筹措的那部分费用。

2.2.2 工程费用

工程费用是指建设期内直接用于工程建造、设备购置及其安装的建设投资，包括建筑工程费、安装工程费和设备购置费。

1. 建筑工程费与安装工程费的基本构成

建筑工程费是指为完成建筑物和构筑物的建造所需要的费用。安装工程费是指为完成工程项目的设备及其配套工程的安装、组装所需要的费用。建筑工程费和安装工程费在费用构成上基本一致，且其一般同时发包给施工单位，合在一起称为建筑安装工程费。建筑工程费和安装工程费又可以划分为直接费、间接费和利润。

1）直接费。直接费是指施工企业在施工过程中耗费的构成工程实体费用，以及为完成工程项目施工发生于该工程施工前和施工过程中非工程实体项目的生产性费用。直接费包括人工费、材料费、施工机具使用费和其他直接费。

（1）人工费是指直接从事建筑安装工程施工作业的生产工人的薪酬。人工费包括工资性收入、社会保险费、住房公积金、职工福利费、工会经费、职工教育经费及特殊情况下发生的薪酬等。目前，我国发布的定额人工费，因不包括规费，即五险一金等费用，普遍低于市场价，也造成了较大的诟病。关于人工费的组成一直存在较大分歧，一种观点认为人工费为建筑安装工程施工作业的生产工人的实际所得，可以包括自己在工资中缴纳的五险一金等，但不应包括企业为职工缴纳的有关费用，企业缴纳的应纳入企业管理费；另一种观点认为对应基本建设财务制度，应对应工资总额科目，包括企业为职工缴纳的有关费用，这样也便于与劳务分包费用保持一致。

（2）材料费是指工程施工过程中耗费的各种原材料、半成品、构配件等的费用，包括材料原价、运杂费、运输损耗费、采购及保管费。

（3）施工机具使用费是指施工作业所发生的施工机械、仪器仪表使用费或其租赁费，包括施工机械使用费和施工仪器仪表使用费，一般简称机械费。施工机械使用费由折旧费、检修费、维护费、安拆费、人工费、燃料动力费及其他费组成。施工仪器仪表使用费由折旧费、维护费、校验费和动力费组成。

（4）其他直接费是指为完成工程项目施工，发生于该工程施工前和施工过程中非工程实体项目的费用。其他直接费包括冬雨期施工增加费、夜间施工增加费、二次搬运费、检验试验费、工程定位复测费、工程点交费、场地清理费、特殊地区施工增加费、文明（绿色）施工费、施工现场环境保护费、临时设施费、工地转移费、已完工程及设备保护费、安全生产费等。

2）间接费。间接费是指施工企业为完成工程施工而组织施工生产和经营管理所发生的管理性费用。间接费包括管理人员薪酬、办公费、差旅费、施工单位进退场费、非生产性固定资产使用费、信息管理系统购置运维费、工具用具使用费、劳动保护费、财务费、税金，以及其他管理性的费用。

3）利润。利润是指施工单位从事建筑安装工程施工所获得的盈利。

2. 设备购置费的构成

设备购置费是指购置和自制的达到固定资产标准的设备、工器具及生产家具所需的费用。这里所说的设备包括构成固定资产的机械和电气设备、仪器、仪表、车辆、通信设备等；达到固定资产标准的工具、器具、用具也计入设备购置费；生产性家具应计入设备费，而办公及生活家具一般计入工程建设其他费项下的生产准备费。建设项目的设备购置以工艺设计为前提，直接服务于产品的产出，是固定资产投资中的最积极部分。

设备按照服务于生产设施还是建筑物，分为工艺设备和建筑设备；按照是否定型生产分为标准设备和非标准设备；按照制造国来源分为国产设备和进口设备。在计算设备购置费时，应同时考虑设备原价、设备运杂费，以及随设备订货的备品备件费。

上述是建筑工程费、设备购置费、安装工程费的一般构成，关于建筑工程费、设备购置费、安装工程费的分类，可遵循现行《建设工程计价设备材料划分标准》GB/T 50531，但也不需要过于教条，一般按照专业工程的计价习惯来划分即可。如在工业项目上将为建筑物服务的本属于设备的空调、电梯、配电箱等建筑设备计入建筑工程费，其原因一是便于技术经济指标的分析，二是这些费用要随建筑物形成房屋权属下的固定资产。再如，金属储罐、容器，长输管道、电缆，达到一定规格、压力的阀门等工艺性主要材料一般纳入设备范围。

2.2.3 工程建设其他费用

工程建设其他费用是指建设期发生的与土地使用权取得、全部工程项目建设以及与未来生产经营有关的，除工程费用、预备费、增值税、建设期融资费用、流动资金以外的费用。工程建设其他费用的主要特征一是在建设期支出；二是一般不计入某一单项工程中，而随整个建设项目而发生。

工程建设其他费用主要包括建设单位管理费、建设用地费、市政公用配套设施费、技术服务费、建设期计列的生产经营费和税费等。

（1）建设单位管理费：是指项目建设单位为组织完成工程项目建设从项目筹建之日起至办理竣工财务决算之日止发生的管理性质的支出。建设单位管理费包括工作人员薪酬及相关费用、办公费、办公场地租用费、差旅费、劳动保护费、工具用具使用费、固定资产使用费、招募生产工人费、技术图书资料费（含软件）、业务招待费、竣工验收费和其他管理性质开支。

（2）建设用地费：是指为获得工程项目建设土地的使用权与工程建设施工准备而在建设期内发生的各项费用。土地使用权的取得方式包括通过划拨方式、土地使用权出让方式和租用方式。以划拨方式取得土地使用权的要支付土地征用及迁移补偿费；

以土地使用权出让方式取得土地使用权的要支付土地使用权出让金，并视项目具体情况考虑拆迁补偿费；以租用方式取得土地的，建设期发生的费用计入建设用地费，生产期的计入经营成本；建设工程因施工需要建设单位建设临时设施发生的土地租用费用也计入建设用地费；建设期涉及土地复垦和森林植被恢复的，还需要考虑土地复垦及补偿费、森林植被恢复及补偿费。

（3）市政公用配套设施费：是指使用市政公用设施的工程项目，按照项目所在地政府有关规定缴纳的市政公用设施建设配套费用。市政公用配套设施一般包括界区外的水、电、气、路、通信、绿化、人防等。

（4）技术服务费：是指在项目建设全部过程中委托第三方提供项目策划、技术咨询、勘察设计、项目管理和跟踪验收评估等技术服务发生的费用。技术服务费包括可行性研究费、专项评价费、勘察费、设计费、监理费、研究试验费、特殊设备安全监督检验费、监造费、招标投标费、设计评审费、信息管理集成费、技术经济标准使用费、工程造价咨询费及其他咨询费。

（5）建设期计列的生产经营费：是指为达到生产经营条件在建设期发生或将要发生的费用，包括专利及专有技术使用费、联合试运转费、生产准备费等。

（6）税费：是指在建设期建设单位向政府缴纳的税金和行政事业性收费，包括土地使用税、耕地占用税、契税、车船税、印花税、工程保险费等。

上述费用中，大多可以通过委托服务合同协议要求确定，无合同或协议要求的应按国家、各行业或工程所在地政府有关部门的规定或类似工程收费标准确定，数额较大且计算较为复杂的是建设用地费。

2.2.4 预备费

预备费是指在建设期内因各种不可预见因素的变化而预留的可能增加的费用，包括基本预备费和价差预备费。

（1）基本预备费：是指投资估算或工程概算阶段预留的，由于工程实施中不可预见的工程变更及洽商、一般自然灾害处理、地下障碍物处理、超规超限设备运输等而可能增加的费用。主要包括：事先考虑不足的工程变更及洽商费用，即在批准的初步设计范围内，技术设计、施工图设计及施工过程中所增加的工程费用，包括设计变更、工程变更、材料代用、局部地基处理等增加的费用。不可预见的一般自然灾害处理费用，即一般自然灾害造成的损失和预防一般自然灾害所采取的措施费用。实行工程保险的工程项目，该费用可以适当降低。不可预见的地下障碍物处理的费用。可能发生超规超限设备运输增加的桥梁加固、道路改造、交通管制等费用。基本预备费应根据项目的设计深度、采用工程计价依据的精确度、与市场价格信息的贴进度，以及项目所属行业部门的规定等计算。

（2）价差预备费：是指为在建设期内利率、汇率或价格等因素的变化而预留的可能增加的费用。价差预备费应考虑人工、设备、材料、施工机具的价格因素可能引起的工程费用的调整，以及因利率、汇率因素变化可能引起的相关费用调整。价差预备费可以根据《建设工程造价咨询规范》GB/T 51095 或《建设项目投资估算编审规程》CECA/GC1 规定的公式计算。

2.3　工程计量的概念与涵义

2.3.1　工程计量的概念与涵义

工程计量也就是计算工程量，是指依据设计文件，按照标准规定的相关工程的工程量计算规则，对工程数量进行计算的活动。

工程计量是造价工程师在工程计价活动中的重点工作之一，英联邦国家的测量师体系的测量也就来自于此，关键是测算出工程的数量。工程计量实质上包括两个方面，一是用于工程交易以及确定工程造价需要的工程计量，它应是依据工程量清单计价规范和工程量计算规范、估算指标、概算定额、预算定额等规定进行计算的单项工程、单位工程、分部分项工程量；二是从工程成本、工程施工组织和成本管理出发，计算的人工、材料、施工机械等要素消耗量，该消耗量一般要依据施工定额或预算定额等进行计算。准确的工程计量是工程计价的基础，也是工程精细管理、科学管理的需要。

2.3.2　工程量清单的概念与涵义

工程量清单是指建设工程中载明项目名称、项目特征和工程数量的明细清单（表）。

工程量清单是工程交易内容的表现形式，或者说它是工程采购的一个明细单（表），发包人一般在招标文件中明示，投标人以此来进行投标报价，并最终作为建设工程施工合同的组成部分，所以，它应全面、准确地反映一个工程的工作量，这就要求它要载明项目名称、项目特征和工程数量。编制出一个好的工程量清单要始终以便于工程交易、方便准确确定合同价格、避免工程造价纠纷为出发点，并非越详细越好。工程量清单项目划分的粗细要与设计深度保持一致，并应始终关注工程量较大或价值较高项目的准确工程计量。因此，在工程量清单项目分解上，对于价值不高的项目可以分解到单位工程、甚至是单项工程即可，对于价值较大的项目要分解到分部工程或分项工程（通称为分部分项工程）。

2.4　工程计价的概念、基本原理与方法

2.4.1　工程计价的概念

工程计价是指按照法律法规和标准规定的程序、方法和依据，对工程项目实施建设的各个阶段的工程造价及其构成内容进行预测和确定的行为。

工程计价是工程价值的货币形式表现，在市场经济体制下，它是工程建设各方关注的核心，因此，对工程计价要有严格要求。其具体涵义包括：

（1）要按照法律法规和标准规定的程序、方法和依据，即方法要合乎法律、法规和标准的要求，即程序正确、方法正确、依据正确。这里的工程计价依据，一般是指在工程计价活动中，所要依据的与工程计价内容、工程计价方法和要素价格相关的工程计量计价标准，工程计价定额及工程计价信息等，广义的工程计价依据还包括工程的设计文件、施工组织设计等。

（2）要对各阶段工程造价及其构成进行计算。随设计深度的不同进行多次工程计价，如方案设计阶段进行投资估算，初步设计阶段进行设计概算，招标投标时要编制最高投标限价、投标报价，并以中标价确定合同价，工程完工后还要进行工程结算等，工程计价时不仅要计算出工程的总价，还要按相关标准的要求表现出其工程造价的费用构成，即各单项工程、单位工程的费用组成，以及单价的组成。

（3）工程计价定义中的预测和确定与工程造价的预计和实际的涵义是一致的，即包括预测和确定的价格，工程交易合同签订前的估算、概算都是预测价格，其后均是确定的价格。

2.4.2　工程计价的特征

因建设项目可以在不同时间、不同地点建设，且它是一个从抽象的概念、设计到具体实施，直至形成实体的过程，因而决定了工程计价具有以下特征：

（1）项目对象的单件性。每个建设项目或建筑产品都会因设计方案、建设时间、地点、技术条件而不同，因此，工程计价必须针对每项工程单独计算其工程造价。

（2）计价过程的多次性。工程项目需要按程序进行策划、设计到建设实施，工程计价也需要在不同阶段多次进行，不断深入与细化，以保证工程计价结果的准确性和工程造价管理的有效性。工程计价过程的多次性如图2-3所示。

（3）构成内容的组合性。一个建设项目可按单项工程、单位工程、分部工程、分项工程等进行多层级的分解，工程计价也是一个逐步组合的过程，工程造价的组合过程是从分部分项工程造价到单位工程造价，再到单项工程造价，汇总形成工程费用，最后计算工程建设其他费用、预备费、汇总到建设投资，再考虑建设期利息等，计算建设项目的总投资。

（4）计价方法的多样性。因工程项目的多次计价，在不同阶段有其各不相同的计价依据，每次计价的精确度要求也各不相同，由此决定了计价方法的多样性。例如，投资估算有指标估算法、生产能力指数法，预算有单价法和实物量法等。

（5）计价依据的复杂性。工程计价的准确性主要来自工程计量的准确性和计价依据的可靠性，而影响工程造价的因素较多，这就决定了工程造价管理标准、工程计价定额、工程计价信息等工程计价依据的复杂性。

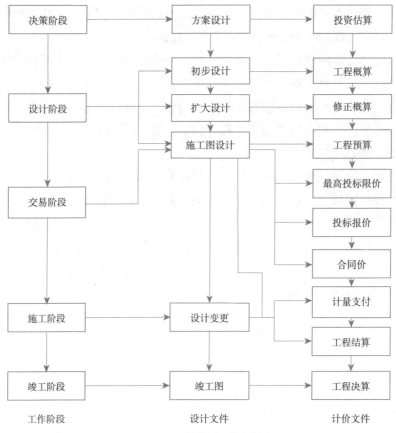

图 2-3　工程计价过程的多次性

工作阶段　　　　　　设计文件　　　　　　计价文件

2.4.3　工程计价基本原理

工程计价有赖于工程造价的基本构成。从工程造价管理的角度，工程计价要从估算到工程结算的各个阶段分阶段计价。工程造价的构成包括总体构成和分部构成，因此要做好各部分和整体的投资控制，要进行分部计价，最终形成整体。

1. 工程计价的步骤

1）分阶段计价

工程建设是一个从抽象到具体的过程，所谓的抽象是在规划和设计阶段是一个拟建的工程项目，它抽象在专业人士的脑海里和图纸上，在工程交易后，承包商根据图纸进行施工，建设成工程实体，最终建成后交付给发包人或建设单位。其对应的工程计价也要经历从工程估价到工程实际价格的一系列工作。

在工程决策阶段，要编制项目建议书和可行性研究报告，这个阶段要进行投资估算，以便确定投资规模。然后进行初步设计、施工图设计，在这个阶段要编制工程设计概算和施工图预算，以便确定工程设计的经济上的合理性，控制工程设计。接下来是工程交易，这个阶段编制的工程量清单和招标控制价，以及投标人的投标报价，都是在围绕工程量清单这一工程的工作量、项目特征、标准等进行工程价格的博弈，最终确定中标单位和中标价，形成工程交易价格，并以合同的形式形成契约，加以控制和约束。其后的工程付款和工程结算要依据合同进行确定与调整。最终建设单位依据实际发生的应计入工程的费用，进行工程决算，形成资产。

因此，工程计价是一个分阶段进行，并且是一个从抽象到实际、从粗到细的工程过程，其工程计价的准确性，一是取决于设计深度；二是工程量计算的准确性；三是工程计价依据的正确性和准确性。但仅工程计价准确还不够，为了达到质量、工期、安全等其他建设目标，进行投资控制，确保投资效益，还需要对一系列活动进行工程造价管理。

2）分部组合计价

确定建设项目工程造价的关键是确定工程费用，即建筑工程费、设备购置费和安装工程费，然后以工程费用为基础计算或依据合同计列工程建设其他费，再以工程费用和工程建设其他费为基数计算预备费。在计算工程费用时，设备购置费的计算是依据设计图纸按系统或汇总的设备购置清单来确定，设备购置费，一般通过询价或类似工程的设备费用来确定，相对比较容易，复杂的是计算建筑安装工程费。

建筑安装工程费的计价方法是多样的，在一个建设项目还没有具体的设计方案，以及不能提出或者估算出工程量清单时，往往利用产出的函数关系，各项费用之间的比例关系对建设项目投资进行粗略的投资估算，如投资估算的生产能力指数法、比例估算法、系数估算法等。这种方法难以体现项目的单件性的特点，因为工程造价与建设规模并不呈线性关系，尽管可以考虑修正因素，但是，往往难以考虑建设标准、附属设施、外部条件等因素。造价工程师在没有丰富经验时往往难以把握，所以误差较大，误差率有的高达30%。因此，工程计价最适宜和最准确的方法均应采用分部组合计价来计算建筑安装工程费。

分部组合计价就是将工程项目分解到能准确计量的最小单元，然后开始按相应的工程量计算规则计算该类项目的工程量，并依据当时当地的单价，计算该最小单元工程项目的工程造价，然后按照单位工程、单项工程、建设项目逐级组合、汇总。在某一阶段，工程计价的准确性取决于项目的设计深度、项目分解的合理性和工程计价依据的准确性。

2. 工程造价的总体构成与分部构成

1）总体构成

工程造价的总体构成是指针对建设项目的工程造价而言，从建设项目角度看工程造价的总体构成包括工程费用、工程建设其他费用，以及在工程估价阶段需要考虑的预备费。其中，工程费用包括建筑工程费用、设备购置费用、安装工程费用。这些费用要经过汇总来进行计算。

2）分部构成

工程造价的分部构成是指相对建设项目总体构成而言，构成建设项目组成的单项工程费用、单位工程费用、分部工程费用或分项工程费用等，以及工程建设其他费用构成中的某项费用，如勘察设计费、项目联合试运转费用等。这些费用可以从下一级的构成汇总，也可以以工程量与其相应的综合单价乘积来计算。

3. 工程计价的基本公式

根据工程造价的总体构成、分部构成，以及工程计价分部组合方式的步骤，工程计价的基本原理可以通过下面几个公式分别进行表达。

1）工程造价总体构成的基本公式

工程造价总体构成的基本公式可以表达为：

$$C=X+E+R \tag{2-1}$$

式中　C——工程造价；

　　　X——工程费用；

　　　E——工程建设其他费；

　　　R——预备费。

2）工程造价分部构成的基本公式

工程费用是计算建设项目工程造价的基础，也是工程计价最核心的内容。工程费用的计算公式可以表达为：

$$X=\sum_{i=1}^{l}\sum_{j=0}^{m}\sum_{k=0}^{n}Q_{ijk}P_{ijk}+\sum_{r=0}^{v}H_r \tag{2-2}$$

式中　Q_{ijk}——第 i 个单项工程中第 j 个单位工程中第 k 个分部分项项目的建筑、安装或设备工程量，i=1, 2, …, l; j=0, 1, 2, …, m; k=0, 1, 2, …, n;

　　　P_{ijk}——综合单价，i=1, 2, …, l; j=0, 1, 2, …, m; k=0, 1, 2, …, n;

　　　H_r——措施项目费，r=0, 1, 2, …, v。

公式明确了工程费用的基本计算原理，建筑工程费、安装工程费、以至于设备购置费均可表现为工程量乘以相应的综合单价。此外，还要计算工程施工中不构成工程实体和综合使用的措施费。

式中，i=1, 2, …, l 表示一个建设项目最少为一个单项工程 j=0, 1, 2, …, m、k=0, 1, 2, …, n、r=0, 1, 2, …, v; 则表示可以是零个或若干个单位工程、分部分项工程、措施项目，零个表示可以直接进行其上一级工程计价并汇总。

分部组合计价重点是工程实体项目的计价，分为工程计量和工程计价两个环节。上面的公式中，计算工程量是重要的一环。一般按工程量清单计价规范和工程量计算规范、估算指标、概算定额、预算定额等计算单项工程、单位工程分部分项工程量。

措施项目费（H_r）分成三类。第一类是与实体工程量密切相关的项目，如混凝土模板，它随实体工程的工程量而变化，一是可以把它的费用计入实体工程费用，即实体工程综合单价包括其费用；二是单独列项计算其费用。第二类是独立性的措施费，如土方施工需要的护坡工程、降水工程，该类费用应以措施方案的设计文件为依据进行计算。第三类是综合取定的措施项目费，如工程项目整体考虑和使用的安全文明施工费，该类费用一般以人、材、机费用的合价为基数乘以类似工程的费率进行计算。

3）工程单价的基本公式

接下来，更为复杂的工作即为确定综合单价。在综合单价确定上，我国一直沿用传统的定额进行组价，即成本法。综合单价的成本法，即根据定额的人材机要素消耗量和工程造价管理机构发布的价格信息或市场价格、费用定额等来计算综合单价。

综合单价的计算可以用以下公式表示：

$$P_{ijk}=DP_1+TP_2+MP_3+X+Y \tag{2-3}$$

式中　　　D——人工消耗量；

　　　　　T——材料消耗量；

　　　　　M——施工机具机械消耗量；

P_1、P_2、P_3——人工工日单价、材料单价、施工机具机械台班单价；

　　　　　X——企业管理费；

　　　　　Y——利润。

目前，国际工程中的综合单价多为完全综合单价。我国的《建设工程工程量清单计价规范》GB 50500—2013 中的综合单价为不包括规费在内的非完全综合单价。我国的投资估算指标和概算指标一般为完全综合单价。概算定额、预算定额一般为人工、材料、机械组成的工料单价，要在工程量乘以工料单价后进行汇总形成工料总价，并以此为基础计算管理费和利润。

2.4.4　工程计价的基本方法

在工程计价时，传统的工程计价方法，根据采用的单价内容和计算程序不同，主要分为项目单价法和实物量法，项目单价法又分为定额计价法（工料单价法）和工程量清单计价法（综合单价法）。

1. 项目单价法

（1）定额计价法。首先依据相应工程计价定额的工程量计算规则计算项目的工程量，然后依据计价定额的人工、材料、施工机具的要素消耗量和单价，计算各个项目的定额直接费，然后再计算定额直接费合价，最后再按照相应的取费程序计算其他直接费、管理费、利润、税金等费用，最后逐级汇总形成工程造价。无论何种工程计价，基本步骤一般包括：收集资料、熟悉设计文件和工程现场、计算工程量、依据定额确定项目单价、计算相关费用并汇总、编写编制说明等。

（2）工程量清单计价法。首先依据《建设工程工程量清单计价规范》GB 50500—2013，以及其相应的工程量计算规范规定、工程量计算规则计算清单工程量，并依据相应的工程计价依据或市场交易价格确定综合单价，然后用工程量乘以综合单价，得到该工程量清单项目的合价及人工费，并以该合价或人工费为基础计算应综合计取的措施项目费，以及规费等，最后逐级汇总形成工程造价。工程量清单的综合单价按照单价的构成可分为完全综合单价和非完全综合单价，我国现行的《建设工程工程量清单计价规范》GB 50500—2013属于非完全综合单价，当把规费（增值税实施后，税金不宜再纳入工程单价）计入综合单价后即形成完全综合单价。工程量清单单价法因使用的是涵盖管理费、利润在内的综合单价，一般又称综合单价法。

工程量清单计价法的程序和方法与定额计价法基本一致，因为从本质上看定额的项目划分也可以看成是一个更细的工程量清单。它们的主要区别在于：

（1）项目划分的粗细程度不同。它们在工程量计算上项目划分不同，一般而言工程量清单的项目会更综合，如我们目前基于施工图阶段进行工程招标的工程量清单计价的项目比预算定额会更综合。

（2）单价的构成不同。定额计价法的基本单价是基于工料单价，然后计取费用，工程量清单单价法是基于综合单价，每个工程量清单项目的单价不仅综合了一个或几个子目的工料机费用，而且包括了管理费、利润。从该单价的确定方式看，本质上存在成本法和市场法两种方式，我们习惯通过预算定额及其有关费用定额来编制单价分析表，确定的综合单价，其基本构成是人工费、材料费、施工机械使用费、管理费和利润，从其根本性质看是成本法；在国际工程综合单价是在考虑企业成本与市场价格的情况下来进行确定，无需结合有关规定进行综合单价分析，以体现竞争性，其本质上体现的是市场价格，即市场法。

（3）汇总工程造价的程序不同。工程量清单计价是在完成工程量计算、综合单价确定后，计算分部分项工程费用，然后计算按项进行计价的措施项目费，最后计算综合确定的措施项目费、其他项目费、规费等。

2. 实物量法

实物量法是首先依据相应工程量计算规范规定、工程量计算规则计算实物工程量，然后套用相应的实物量消耗定额，计算单项工程或整个工程的实物量消耗。然后根据当时、当地的人工、材料、施工机械的价格计算工程成本，然后计算应分摊现场经费、项目管理费和企业管理费，最后计算企业利润。当然，使用实物量法也可以将现场经费、项目管理费、企业管理费、企业利润等分摊到各个实物工程量子目，以综合单价形式进行表示。

随着BIM技术的应用，实物量法越来越受到关注，一是BIM和计算机技术的应用可以快速计算出工程的实物量，二是随着建筑装配化和精益建造的推进，结合现代信息技术可以直接进行工程构件和部件的计算，且这些构件和部件的装配化施工也决定了工程最基本单元的价格，因此实物量法的优势会越来越凸显。

单价法计价可分为工程计量和工程计价两个环节。

（1）工程计量。首先要根据设计深度和所采用的工程计价依据确定单位工程基本构造单元的组成，即划分分部分项工程项目。如方案设计阶段投资估算时可划分为基础工程、结构工程、装饰工程、幕墙工程、电气工程、给水排水工程、通风空调工程等，确定其主要工程量。初步设计阶段编制工程概算时，要按照概算定额或概算指标的项目划分，划分到扩大的分部分项工程量，如土建工程的钢筋工程量、混凝土工程量、砌体工程量、主要装饰工程量等。在施工图设计阶段进行的工程量清单计价则要依据《建设工程工程量清单计价规范》GB 50500—2013及其相应工程量计算规范的规定划分为分部分项工程，如乳胶漆墙面、实木地板、复合地板、大理石地面、釉面砖地面等。该阶段的工程预算则要依据预算定额的项目划分为更为详细的分项工程，如乳胶漆墙面的基层处理、刮腻子、乳胶漆面层。

（2）工程计价。工程计价包括工程单价的确定和总价的计算。工程单价是指完成单位工程基本构造单元的工程量所需要的基本费用。工程单价要依据相应的工程计价方法和依据，包括估算指标、概算指标、概算定额、预算定额，以及相应的费用定额等来进行确定。工程总价则是按照规定的程序或办法逐级汇总形成的相应工程造价。

2.4.5 工程单价的形成机理

一直以来，我国沿用计划经济体制下的定额管理体系。我们使用工程造价管理机构发布的投资估算指标编制投资估算；使用工程造价管理机构发布的概算指标或概算定额编制设计概算；使用工程造价管理机构发布的预算定额编制工程预算或最高投标限价；应该使用施工企业自行制定的施工定额进行投标报价和工料组织，但因最高投标限价制度制约，施工企业往往要参照最高投标限价进行报价，因此也往往依靠工程造价管理机构发布的预算定额进行报价，在企业施工定额的建设方面明显不足。工程计价定额的应用如图2-4所示。

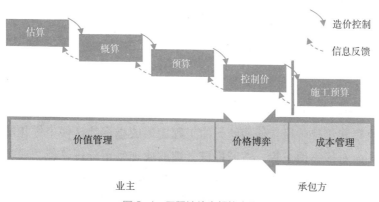

图2-4 工程计价定额的应用

从图 2-4 看，从投资估算、设计概算到工程预算、招标控制价、再到施工预算是一个工程造价控制的过程，即估算控制概算，概算控制预算，从工程计价定额的形成编制要求来看，预算定额应依赖于施工定额，概算定额应依赖于预算定额，估算指标要依赖概算定额或概算指标。对建设单位而言，从估算到最高投标限价，以及最终形成合同价格，是以投资者的价值管理为目的价值驱动的，而施工企业是以利润追求为目的的成本驱动，它们在工程交易阶段进行工程价格的博弈。因此，在市场经济体制下，正因为发（建设单位）承（施工单位）包双方的价格博弈，使得施工成本信息难以形成真实、顺畅的反馈，因而工程造价管理机构依靠施工企业上报的成本信息也就出现了严重的失真，这使得我们的建设工程预算定额的编制质量也难以保证，并且也将严重影响概算定额、概算指标和投资估算指标，更严重的是使得投资方与工程造价咨询企业过于依赖工程造价管理机构发布的定额造成了价值管理能力的下降与失真。

目前，我们大多仍然依赖工程造价管理机构发布的工程计价定额进行工程计价。管好工程造价的前提是工程计价依据使用正确，工程计价依据的核心是解决工程单价问题，随着我国市场化改革的进一步深入，我们应逐步改变传统的惯性思维，分别应用成本法、市场法和类似工程指标法确定不同阶段的工程单价，进行工程计价。我国投资管理部门、工程建设部门、财政部门、审计部门、仲裁和司法部门，以及工程造价管理机构因过于依赖工程造价管理机构发布的工程计价定额进行工程计价，普遍缺乏对工程计价建设的动力，也没有针对市场经济体制深入开展工程计价，特别是工程单价形成机理的研究。作者通过研究认为，在市场经济体制下，工程单价的形成机理与各阶段工程计价方法如图 2-5 所示。

图 2-5　工程单价的形成机理

1. 工程估价——标杆管理法

在工程决策和设计阶段，使用统一的工程定额或指标往往使个性化的工程进行估价偏差较大，应对标类似工程，按照标杆管理的原理采用标杆管理法或类似工程修正法。如：拟建一个五星级酒店，往往选择一个类似的酒店作为标杆进行对标，我要建一个三甲医院，一定选择一个类似规模的三甲医院进行参照，参照其技术经济指标进行工程估价，并对于拟建工程与类似工程不一样的地方参照其他工程进行局部修正和调整，以确定拟建工程的投资估算和工程概算。因此，在工程估价阶段应尽可能选择类似工程，使用类似工程造价指标进行工程估价。

同时，进行工程决策与工程设计不仅仅要关注工程造价的指标，如某五星级酒店每平方米造价多少，总的工程造价多少，结构工程造价多少，电气工程造价多少。最重要的是首先需要关注技术指标，如套房多少间？标准间多少间？要多少个会议室，面积是多少？要几个餐厅？餐厅面积是多少？配套的厨房面积是多少？各个部位装饰标准如何确定？费用如何进行合理分解等。只有充分确定了这些功能需要、建设标准和技术指标，其工程造价指标才具有可比性、真实性，其结果才会符合预期。靠建设工程统一的、不细分类别的、不考虑功能需要的估算指标，是做不好投资估算的。因不同项目、不同标准、不同建筑形式的投资估算指标并不相同，因此，工程造价咨询企业与造价工程师要更多地积累、分析已经建设完成的工程实例，形成典型工程数据库，不仅要掌握工程造价指标，还要全面分析其他技术经济指标，唯有这样，才能不断地积累工程实践经验与数据，提升项目价值服务的能力。

2. 工程交易价格——市场法

2001年，我国加入关贸总协定，确立了市场经济体制。2003年我国正式推出《建设工程工程量清单计价规范》GB 50500—2003，该规范出台的目的是以法律、法规、标准、规则、计价定额、价格信息等计价依据规范各方的行为、调整各自利益，使工程造价符合市场实际和价格运行机制，实现工程价格属性从政府指导价向市场调节价为主的调整，促进通过市场竞争形成工程价格，促进技术进步和管理水平的提高。2008年，在该规范修订时，又引入了招标控制价（最高投标限价）制度，要求国有投资项目要编制最高投标限价，该规范要求，要依据政府发布的工程计价定额确定最高投标限价。尽管规范要求投标人自主报价，但是，大多数投标人要参照最高投标限价进行投标报价，这就间接地使得政府定额的作用明显失当，扭曲了市场价格，并限制了市场合理竞争。

工程量清单对应的综合单价应承载的是市场价格，因此，在工程交易阶段应以投标人的管理水平，并结合具体项目的实际情况，来形成具有竞争力的市场价格，并直接反映综合单价。因此，投标人应不受其他任何影响，参照企业自身的预测成本、拟建项目的实际情况、竞争情况、市场价格等因素，直接确定综合单价，进行投标报价，也没有必要要求企业对其综合单价中的工料机消耗进行分析。以便使工程交易价格反映市场实际，体现竞争性，通过市场竞争促进企业技术水平和管理水平不断提高，因此交易阶段的工程价格应来自于交易市场，使用市场法。

3. 施工成本——成本法

多年来，无论是工程交易，还是工程概算、工程预算、施工预算，一直依赖工程计价定额进行工程计价，而工程计价定额的构成是人工费、材料费、施工机械使用费，然后计算定额直接费，最后计算其他直接费、管理费和利润等，这显然是依据施工企业的成本进行的计算，其本质是成本法。

在项目的实施阶段，对建设单位而言是按时支付工程款，并进行风险管理。对施工企业而言就是做好成本管理，做好成本管理的前提是首先做好工料计划，依照类似工程的施工经验、企业定额，针对每一个工序掌握其真实的人工、材料和机械消耗，做好劳务分包或劳务计划，进行材料和设备采购、供应，让人工、材料、施工机械适时进场。目前，我国的工程施工成本管理仍然不够精细，以包代管现象十分严重，粗放经营，建筑施工企业应认真学习和借鉴制造业的先进管理手段和方法，依靠真实的企业定额，充分利用好信息化的手段做好供应链管理、资金流管理，来降低工程成本，提升投标的竞争能力和项目实施的盈利能力。

随着现代数字信息技术的发展，数字建造（智慧建造）已经为建筑业带来革命性的变革，工程造价管理也需要紧跟并适应信息化的发展要求。如何充分利用现代信息技术助力实现精准工程计价与价值管理，这些将在第 7 章进一步阐述。

2.5　工程造价管理的概念及要求

2.5.1　工程造价管理的概念与涵义

工程造价管理是指综合运用管理学、经济学和工程技术等方面的知识与技能，对工程造价进行预测、计划、控制、核算、分析和评价等活动的过程。

工程造价管理既涵盖宏观层次的工程建设投资管理，也涵盖微观层次的工程项目成本或费用的管理。工程造价的宏观管理是指政府部门根据社会经济发展需求，利用法律、经济和行政等手段规范市场主体的价格行为，监控工程造价的系统活动。工程造价的微观管理是指工程参建主体根据工程计价依据和市场价格信息等预测、计划、控制、核算、分析和评价工程造价的系统活动。

1. 工程造价的预测

工程造价的预测是指在项目实施前对项目工程造价进行估价，估算建设项目的工程造价及其构成，以及资金筹措费用、流动资金等，同时也要分析建设期可能产生的价格变动情况，测算基本预备费和价差预备费等。

2. 工程造价的计划

工程造价的计划是指从投资者的角度对工程建设投资作出整体融资计划，对年度资金使用计划、月或季度工程进度款作出安排；从承包商的角度作出工程实施中的工料机投入计划、成本管理计划、资金投入计划等。

3. 工程造价的控制

工程造价的控制是指从投资者的角度按照投资或工程造价目标进行控制，确保按照确定的投资目标来实现投资和设计意图，在计划工期内，达到既定的建设标准、建设规模、工程质量等相关要求，避免超投资现象发生；从承包商的角度则是进行系统的工程成本控制，即在计划工期内完成施工任务，以期达到或超过计划利润。工程造价的核算是指在工程实施时或实施完成后，对已经实施的工程进行工程计量和费用核算，以此作为拨付工程款、进行工程结算和竣工决算的依据，并最终形成相应资产。工程造价的控制是工程造价管理的最主要内容。

4. 工程造价的分析

工程造价的分析是指从投资者的角度在决策和设计阶段就是对决策和设计方案在经济上的合理性进行分析，进行方案必选和优化设计；从承包商的角度就是对施工方案经济上的合理性进行分析，在保证工程质量、安全和工期的前提下，尽可能多地通过优化施工组织、措施方案来降低工程成本。工程造价的分析应贯穿于工程建设的各个阶段。

5. 工程造价的评价

工程造价的评价一般是指在项目决策时对项目的预期效果作出的系统分析、评估，以及在项目建成后对项目预计的建设投资、建设效果所作出的后评价等。

2.5.2　工程造价管理的主要内容

在工程建设全过程的各个不同阶段，工程造价管理有着不同的工作内容，其目的是在优化设计方案、施工方案的基础上，有效控制建设工程项目的实际费用支出。

1. 决策阶段

按照拟定的建设方案和方案设计，确定项目的主要功能需求、建设标准、建设规模、建设地点、建设时间。依据投资管理部门和建设行政主管部门的有关规定，提出资金筹措方案，编制和审核建设项目投资估算，作为拟建项目工程造价的控制目标。根据投资估算，以及主要建设方案、设计文件进行项目的经济评价，然后基于不同的投资方案进行方案比选与优化，对项目实施的可行性进行研究与论证。

2. 设计阶段

要落实好决策阶段可行性研究所确定的功能需求、建设标准、建设规模、投资控制目标等，严格把握设计任务书，分解设计任务，做好设计管理。在批准或计划的限额之内进行初步设计错漏项审核，编制工程概算，通过方案比选、价值工程、技术经济分析等手段分析项目设计和投资分解的合理性，协助设计单位进行建设项目的设计优化，并以此确定每个单项工程的具体技术方案、主要装备等。对于政府投资工程而言，则是将批准的工程概算作为拟建工程项目造价控制的最高限额，在扩大初步设计或施工图设计完成后，依据常规或拟定的施工组织设计等，编制修正概算和施工图预算。

3. 交易阶段

目前，我国大多工程建设项目以施工图设计为技术基础进行工程施工发包。建设单位要在施工图设计完成后，进行标段的合理划分和招标策划；然后依据施工图和拟定的招标文件编制工程量清单，计算最高投标限价。投标单位应依据招标文件确定投标策略，依据自身测算的工程成本和项目竞争情况进行投标报价。建设单位依据投标报价、施工方案择优选择中标人，并依据其投标报价确定合同价，签订工程施工承包合同。

采用工程总承包模式的建设工程，可以在初步设计完成后，依据初步设计图纸编制工程量清单和最高投标限价，并依据中标人的投标报价确定合同价，签订工程总承包合同；也可以依据方案设计确定的建设标准、建设规模、生产工艺、主要装备、建筑特征等进行工程总承包招标。

4. 工程施工阶段

工程施工阶段的主要工作是控制工程进度、进行工程计量及工程款支付管理，对工程费用进行动态监控，处理工程变更和索赔，编制和审核工程结算。首先要加强合同履约管理，关注施工总承包与专业分包施工界面的划分；要重点做好施工合同中暂估价设备、材料的价格、暂估项工程价格或工程造价的确定，重点关注设备、材料采购的品种规格是否与设计和投标报价相符合，是否存在增加数量、提高标准现象；要关注施工过程中发生的设计变更、工程洽商等事项的合理性、必要性；积极处理工程索赔和工程造价纠纷；建立工程款支付台账或图表，进行投资偏差分析与偏差控制。

5. 工程竣工阶段

进行工程的竣工结算和财务决算，处理工程保修费用，完成固定资产交付，做好项目验收。对于政府投资项目还要进行工程审计、项目投资的绩效评价，以及建设项目后评价等工作。

2.5.3　工程造价管理的主体

工程造价管理是工程管理的核心内容，是各方关注的焦点，涉及工程建设的参与各方，包括政府有关部门，事业单位和行业协会，投资人或建设单位，承包商或施工单位，设计和咨询企业等。

（1）政府主管部门。主要负责的工作有：法律法规和标准的制定，造价工程师和工程造价咨询业的行政许可事务，工程造价咨询业的市场监管与公共服务等。

（2）事业单位（工程造价管理机构）和行业协会。一是协助政府主管部门提出行业立法的建议，协助相关制度建设，起草行业标准；二是协助政府部门提供工程计价定额、工程计价信息等公共服务，发布行业有关资讯、动态；三是反映造价工程师和工程造价咨询企业诉求，研究和制订行业发展战略，起草行业发展规划，进行职业教育、人才培养，指导工程造价专业学科建设，引导行业可持续发展，开展国家交流和会员服务等。

（3）投资人或建设单位。投资人关注的是整个建设项目的整体目标，包括投资控制目标的实现，以及建设项目的合法合规性、技术的先进性、经济的合理性等，对于投资人而言，一般还要从投资控制、资金的使用绩效等角度进行工程造价审计。

（4）承包商或施工单位。承包商和施工单位则是在工程承发包阶段预测工程成本，制订投标策略，进行投标报价。在工程施工阶段，则是按计划组织工程的具体实施，有效实施工料机组织，在合同工期内建设成工程实体，达到设计目标，管控好工程成本。

（5）设计单位。设计单位则是通过图纸的不断深化，最终做出具体的设计实施方案，来实现建设单位的设计意图和建设目标，并通过工程概算和施工图预算等控制工程造价，进行设计优化等。

（6）工程造价咨询企业。咨询人主要是服务于投资人或建设单位进行工程建设各阶段的工程计量与计价，进行建设项目的方案比选与设计优化等价值管理和经济评价，进行建设工程合同价款的分析、确定与调整，进行工程结算审核与工程审计等。接受仲裁机构或法院委托进行工程造价鉴定、工程经济纠纷调解等。也可以接受承包人或施工单位的委托进行建设工程的工料分析、项目计划、组织与成本管理等。

2.5.4 工程造价管理的基本原则

建设项目工程造价管理的目的是依据国家有关法律、法规和建设行政主管部门的有关规定，让工程建设各方主动参与工程造价管理工作，实现整个建设项目工程造价合理确定、有效控制与必要的调整，缩小投资偏差，控制投资风险，确保工程造价控制目标和投资期望的实现。为了实现上述目的，工程造价的有效管理应坚持以下五个原则。

（1）强化决策和设计阶段的工程造价管理。工程造价管理贯穿于工程建设的始终，但是工程造价管理的关键在于前期决策和设计阶段，造价工程师在决策和设计阶段要积极发挥在工程经济方面的优势，利用技术经济指标来起到工程参谋及工程造价控制作用。

决策阶段重点解决的是建设方案：包括建设标准、建设地点、建设规模、主要工艺方案、主要设备选型、建设投资等。造价工程师一要依据类似工程的投资估算指标或资料，对不同的建设方案做好投资估算、融资分析；二要通过建设工程全寿命期费用分析，进行项目经济评价；三要对方案比选的结论及方案改进提出意见和建议。

在项目投资决策后，控制工程造价的关键就在于设计，它是确定投资实施的最后一环。将对建设项目的建设质量、工期、造价、安全，以及在建成后能否发挥好经济效果具有决定性的作用。设计的目的是对建设工程实施的具体方案进行全面的安排。民用建筑主要是建筑设计，建筑设计是根据房屋的使用功能或建筑设备的要求，表现建筑的外形、空间布置、结构方案、建筑群体的组成、周围环境关系等。工业项目主要是工艺设计，工艺设计要体现建设项目的产品质量、规模等总体要求，要合理选择生产工艺，确定设备的选型和工艺流程。设计对工程造价的影响是最大的，造价工程师在设计阶段，一是要依据设计文件做好工程概算和施工图预算，准确把握建设项目的工程造价；二是要依据类似工程指标对不同的工艺、设备选型、建筑形式等进行指标分析；最后依据有关数据对设计方案提出优化设计的意见和建议。

（2）强化工程造价的主动控制。目前，大多的造价工程师还是把控制理解为目标值与实际值的比较分析，以及当实际值偏离目标值时，分析其产生偏差的原因，并确定下一步对策。但这种立足于调查—分析—决策基础之上的偏离—纠偏—再偏离—再纠偏的控制仍是一种被动控制，这样做只能发现偏离，不能预防可能发生的偏离。为尽量减少甚至避免目标值与实际值的偏离，还必须立足于事先主动采取控制措施，实施主动控制。也就是说，工程造价控制不仅要反映投资决策，反映设计、发包和施工，被动地控制工程造价，更要主动地影响投资决策，影响工程设计、发包和施工，主动地控制工程造价。

（3）强化技术与管理、经济相结合。为了有效地控制工程造价，应从管理、技术、经济等多方面采取措施。从工程组织与管理上，包括明确项目组织结构，明确造价工程师的任务，明确工程建设项目各方主体的管理职责与分工，形成合力，共同做好工程项目管理和工程造价管理。从技术上要主动采取相应措施，包括技术、经济、管理的多方参与，进行方案设计的选择、优化与确定，严格初步设计、技术设计、施工图设计、施工组织设计审查与设计交底，严格控制工程变更，深入研究降低工程投资，提升工程价值的可能性。从经济上要加强动态管理，包括动态比较工程造价的计划值与实际值，严格审核各项工程造价，做好投资计划，合理、及时地确保费用支出；风险事件出现时，应积极主动处理，避免因风险事件带来损失扩大，积极采取对节约投资、缩短工期的奖励措施，优化施工方案等。

（4）强化工程合同管理，把合同作为管控工程造价的主要手段。对工程合同应实行有效管理，正确界定合同实施范围，合理选择合同类型，分解投资风险，是确保工程造价控制和投资效益的关键环节。要聘请具有同类工程经验的工程项目管理团队或工程咨询企业进行全面的合同策划和任务分解，将工程任务以合同的方式授予最胜任该项工程，最能承担风险，且成本较低的企业。对于工程设计要首先通过设计招标和竞争性谈判等形式将设计合同授予主体设计单位，同时，为了提升工作效率和质量，可以将特定的专业工程和附属工程分解给其他的设计单位。要按照基本建设程序和法律法规的要求，通过招标形式选定工程承包商、设备及主要材料供应商，分别签订施工总承包合同、专业分包合同、设备及材料订货合同，并做好合同工程工作的界面划分、配合责任划分。在合同类型选择上，应针对工程类别、建设工期、风险因素选择合同类型，如对于土方工程、桩基工程、消防工程、燃气工程等尽量采用总价方式计价的合同，对于主体工程、装饰工程、设备及材料采购可采用单价方式计价的合同。此外，对于合同的变更、合同价款的调整、风险范围等内容，应参照类似工程或行业惯例予以约定，在合同中载明。

（5）强化计算机技术的应用与信息管理。随着工程建设项目越来越庞大、复杂，以及计算机和信息技术的发展，工程造价管理手段也越来越离不开计算机和信息技术。信息管理应包括工程造价信息数据库建立、工程造价软件使用及咨询企业管理系统的建设，利用计算机及网络通信技术为工程造价全过程信息化管理服务。建设单位要自行建立或委托工程咨询企业建立完善的工程项目管理系统，项目管理系统涉及各类工程合同管理、业务成果、价款支付、工程进度质量等核心管理要素。工程建设的参与各方也应遵循统一化、标准化、网络化的原则，在工程项目各阶段有效地应用工程项目管理软件和工程造价管理软件，主要包括：基础数据管理软件，工程项目估算、概算、预（结）算、工程量清单编审软件，招标投标管理软件，全过程工程造价控制与价款支付管理软件等。确保信息的高效贯通、交互、共享，贯穿建设工程项目的全过程，快捷、及时地处理工程造价信息，并应用于工程造价的确定、审核及成本分析等环节。

复习思考题

1. 谈一谈你对工程造价定义的理解。

2. 工程建设其他费是什么费用？实践中哪些费用会计入工程建设其他费？

3. 简述什么是价差预备费？哪些因素能够使其发生变化？

4. 结合工程计价的定义，分析工程计价的具体内涵。

5. 简述工程量清单计价法与定额计价法两者的区别。

6. 简述定额计价法的基本步骤。

7. 阐述工程造价管理的主体有哪些？

8. 系统论述微观层面工程造价管理的主要内容。

9. 某建设项目投资构成中，设备及工器具购置费为3000万元，建筑安装工程费为1000万元，工程建设其他费用为500万元，预备费为200万元，设备运杂费360万元，建设期贷款2100万元，建设期贷款利息90万元，流动资金贷款400万元，则该建设项目的建设投资为多少万元？

10. 某建设项目的工程费用由以下内容构成：

①主要生产项目1200万元，其中设备购置费850万元，建筑工程费200万元，安装工程费150万元。②辅助生产项目600万元，其中设备购置费300万元，建筑工程费180万元，安装工程费120万元。③公用工程150万元，其中设备购置费30万元，建筑工程费110万元，安装工程费10万元。工程建设其他费用为250万元。基本预备费率为10%，无价差预备费。请列式计算该建设项目的工程费用、建设投资（以万元为单位）。

第 3 章

我国工程造价专业的发展概况

【教学提示】

　　本章通过对我国工程造价专业发展历程的回顾，介绍我国的工程造价管理制度，并着重对造价工程师职业资格制度和工程造价咨询制度进行了阐释，同时，分析我国工程造价管理存在的问题和改革发展方向。

3.1　工程造价专业的发展历程

3.1.1　工程造价管理的历史传承

中国古代历朝历代都有掌管营造的官署和吏员，其管理制度称为工官制度，服务的部门多称为工部。我国古代的工官制度始于西周时期，自此各朝代都沿袭这种制度，负责管理宫殿、陵寝、坛场、祠庙等国家建设事务。工官的主要任务是主持建筑工程的设计和模型、图样的制定，管理和估算工料和施工组织，征集匠师、人工，进行建筑材料的征调、采购、运输、制造等。这些大规模的工料征集必然要根据工程的整体需要和进度进行科学的工料估算，积累算工算料方面的方法和经验，如西周时期负责工程丈量、营造的"量人"。在中国古代对此进行系统记载的代表性成果有北宋的《营造法式》和清代的《工程做法则例》。

《营造法式》是北宋著名建筑学家李诫编写、官方发布的建筑设计与施工规范，是我国古代重要的工程技术书籍，此规范汇集了历朝历代存留下的工程建设与造价管理知识，例如：规范中的"料例"即为现在的"材料消耗定额"，"功限"即为"劳动消耗定额"。《营造法式》为编制预算和组织施工制定了严格的标准，是我国工程造价管理发展的重要一步。1734 年，清工部颁布的《工程做法则例》是我国历史上继《营造法式》后的第二部由官方发布的建筑工程制造规范和标准，分为各种房屋建筑工程做法条例与应用料例和功限两个部分，《工程做法则例》用过半的篇幅规定了工料应用的限额，比《营造法式》规定得更为严密和具体。目前我国在对明、清建筑进行修缮和编制《全国统一房屋修缮工程预算定额》确定工料消耗时仍参考了该资料。

2012 年，傅熹年院士在《中国古代建筑工程管理和建筑等级制度研究》中系统整理和分析古代工官制度、工程管理制度，对项目的立项管理、经费管理、匠役管理、物材管理、施工管理、律令沿革作了全面系统的研究和阐述。我国古代的建筑工程造价（成本）管理要点主要体现在以下几个方面。

（1）范围上：朝廷出资的建筑工程主要是建筑营造和河工两个领域，相当于目前的政府投资工程，是由政府直接督办实施的，并不是市场交易形成的。

（2）律令上：唐代以前史料较少，唐代以后已有立项、督管、物材、匠役管理方面条款；北宋以后营造的律令、规范逐步增多并完善，通常以谕旨、复准奏文、工部法规等形式发布。

（3）立项管理上：均需上报朝廷，经过皇帝诏令或部门审批，如"擅兴律，坐赃论减一等"，即擅自动工兴建，比照贪污罪减轻一等。

（4）成本管理上：分钱粮（即经费）、匠役、物料三个方面。

钱粮管理方面，涉及审批权限、工期限定、费用预算与核销（相当于今天的审计）等经费。钱粮管理上"管工官不估料，原估官不承建"——即主持工程施工官员不得插手工料测算的造价管理，承担工程造价管理官员不得插手工程施工，表明古代的工程造价管理具有一定的独立性。管理过程包括预算（料估）、销算（核销）两方面，雍正七年后预算由料估所承担，按清工部《工程做法则例》《营造则例》《营造算例》进行编制（相当于依据标准、定额、标杆工程的料例进行估算），并有价格浮动、地区差异、预算审核等管理措施。销算即工程结算，包括了核销方式、报销期限、完工期限。此外还有紧急工程工期、费用调整等规定。

匠役（用工）管理分为"匠"和"役"两种，匠役分军匠、工匠、囚徒三类，工匠实行统一编制（即注册制），世代沿袭，施工上参照则例（即标杆工程）来管理所用的官员和匠役用工。

物料管理方面，对大木、砖瓦、石材等有专门管理机构，承担施工中的材料用量、制造、买办、运输、验收和支付等工作，现场用水、工棚均有对应的管理制度。

3.1.2 新中国成立至今工程造价管理的发展

我国工程造价管理制度随着我国体制与经济发展水平的变化历经多次演变，以适应当代中国国情，经过长期的探索与实践，我国逐渐形成了体现中国特色社会主义市场经济特点的工程造价管理制度。

1.计划经济时期的工程造价管理

1955 年我国颁布新中国第一部预算定额《建筑工程预算定额》，这一时期工程造价管理的主要特点是全国同一性和价格静态性。1958—1976 年是我国工程造价管理发展的低潮期，这一时期国家各级基本建设管理机构的概预算部门被精简，设计单位概预算人员减少，施工企业法定利润被取消，工程概预算只反映工程成本，概预算控制投资作用被弱化；其中，"文革期间"我国工程概预算定额管理工作遭到了严重破坏，设计单位不再编制施工图预算，工程决算后实行多退少补，工程完工后向建设单位实报实销，使经济核算制变成了供给制，使施工企业变成了行政事业单位，投资浪费越来越大。

2.改革开放后的恢复时期概预算制度

改革开放后，国家的中心任务逐步转移到经济建设上来，1978 年开始在各行业领域逐步施行改革开放政策。国家计委强调重视投资决策的前期工作，首次明确规定将可行性研究作为基本建设程序的一部分，1983 年国家计委发布《基本建设设计工作管理暂行办法》，提出改进和发展工程概预算制度，在组织建设上，同年国务院批准国家计委成立基本建设标准定额局，国家科委批准成立国家计委基本建设标准定额研究所，各省市、各部委相继建立了定额管理站。1985 年，中国工程建设概算预算定额委员会成立，对我国限额以上的建筑项目实施"先评估、后决策"的制度，这一制度推动了我国建筑投资咨询市场的发展，也促进了工程造价管理制度的变革。1986 年国家发布《建筑安装工程统一劳动定额》，进一步完善了概预算定额管理制度。国家计划委员会在《加强工程建设标准定额工作的意见》中提出，我国未来应当加大工程造价相关人才培养力度，建立专业队伍，弥补现有定额中的缺项漏项，对不合理处进行核对修改。1988年，标准定额司成立，各省市、各部委分别建立了定额管理站，全国颁布了一系列推动概预算管理和定额管理发展的文件，并颁布了几十项预算定额、概算定额、估算指标。同年，国家计划委员会颁发《关于控制建设工程造价的若干规定》，强调发展全过程动态造价管理，加强政府相关职能部门的监督。1990年7月，中国建设工程造价管理协会成立，为我国工程造价管理学者间的学术交流提供了平台。

3. 市场经济时期的工程造价管理

1992年，党的十四大提出建立社会主义市场经济体制，使市场在社会主义国家宏观调控下对资源配置起基础性作用。国家建设行政主管部门也逐渐认识到随着我国投资体制的改革，在项目管理领域要按照全过程控制和动态管理的思路对工程造价管理进行改革和市场服务，在工程计价依据改革方面，提出了"量""价"分离的思想，改变了国家对定额管理的传统方式。同时，提出了"统一量""指导价""竞争费"的工作思路。市场上也初步建立了"在国家宏观控制下，项目法人对建设项目的全过程负责，以市场形成工程造价为主"的具有中国特色的工程造价管理体制。

从20世纪90年代开始，国家和建设部先后颁发了一系列法规和规定，在行业管理方面，《中华人民共和国建筑法》《中华人民共和国招标投标法》《建筑工程施工发包与承包计价管理办法》和《建设工程工程量清单计价规范》等进一步改善了我国工程造价管理的政策环境，招标投标管理机制的建立和引入促进了我国建筑市场的公平竞争、健康发展，初步形成了市场经济体制下的工程造价管理体制，实现了从传统的定额计价模式到工程量清单计价模式的转变，为工程承发包价格由市场竞争形成提供了必要条件，使计价依据在法律地位上得到了进一步确立。在企业和人员管理方面，《工程造价咨询单位资质管理办法》《工程造价咨询企业管理办法》和《关于深化"证照分离"改革进一步激发市场主体发展活力的通知》加强了对工程造价咨询企业的管理和行业自律管理，提高了工程造价咨询工作质量，维护了建设市场秩序和社会公共利益，在工程咨询领域持续深化"放管服"改革；《造价工程师注册管理办法》《造价工程师职业资格制度规定》《造价工程师职业资格考试实施办法》的颁行，标志着我国建立了造价工程师执业资格制度，并进一步完善了注册造价工程师制度体系。2020年7月，住房和城乡建设部发布《工程造价改革工作方案》，提出通过改进工程计量和计价规则、完善工程计价依据发布机制、加强工程造价数据积累、强化建设单位造价管控责任、严格施工合同履约管理等措施，推行清单计量、市场询价、自主报价、竞争定价的工程计价方式，进一步完善工程造价市场形成机制。

3.2　工程造价管理组织机构

工程造价管理组织机构是指为我国保证工程造价管理制度的建立与有效实施，按照行政机构设置和行业组织等规定，设立的部门、管理机构和有关组织。我国工程管理组织机构包括各种工程造价管理部门、机构、行业组织、企事业单位的组织形式和职责。

3.2.1　行政管理部门

政府是我国工程造价管理和政府投资项目的管理主体。宏观上，政府对工程造价管理有一个严密的组织系统，设置了多层管理机构，规定了管理权限和职责范围。微观上，政府作为某一具体工程项目的业主方，承担着从筹建至工程竣工乃至运营维保阶段的工程项目管理职能，这里面包括工程造价管理。

1. 国务院建设行政主管部门

住房和城乡建设部标准定额司负责国家宏观工程造价管理工作，其工程造价管理的主要职责包括：组织拟订工程建设国家标准、全国统一定额、建设项目评价方法、经济参数和建设标准、建设工期定额、公共服务设施（不含通信设施）建设标准；拟订工程造价管理的规章制度；拟订部管行业工程标准、经济定额；拟订工程造价咨询单位的资质标准并监督执行；指导监督各类工程建设标准定额的实施和工程造价计价，组织发布工程造价信息。

2. 国务院其他行政主管部门

国家发改委在基本建设投资规模、国家重大投资项目等方面承担着综合管理职能。财政部在政府财政资金投资管理、基本建设财务制度、工程造价费用项目组成方面也具有综合管理职能。国家审计署对政府和国有投资项目承担着工程审计与监督的专门管理职能。此外，交通运输部、水利部、农业农村部等还承担着交通、水利、农业类等投资项目的专业管理职能。

3. 地方建设行政主管部门

各省、自治区、直辖市在建委或建设厅一般均设有对口住房和城乡建设部标准定额司的工程造价管理部门和专门人员，部分地方通过行政授权由工程造价管理机构代行行政职能。

3.2.2　工程造价管理机构

工程造价管理机构是指各地方、各行业设置的由国家确定管理职能和公共服务的专门从事工程造价管理的事业单位或行业组织。其具体职责主要包括：协助相应部门进行工程造价管理制度建设，进行工程定额编制与管理，工程计价信息服务，工程造价咨询行业管理与市场监督等。我国在铁路、公路、水利、水电、电力、石油、石化、机械、冶金、煤炭、建材、林业、有色、核工业等行业均设有专门的服务于行业或专业工程的工程造价管理机构。

各省、自治区、直辖市设有工程造价管理机构，主要负责区域内的房屋建筑、市政等工程造价管理工作。大多数地级市也设有工程造价管理专门机构，主要是协助省级工程造价管理机构进行工程计价信息服务，并协助政府主管部门从事重点建设工程的服务等工作。

3.2.3　工程造价专业社会组织

中国建设工程造价管理协会是代表我国建设工程造价管理专业的唯一全国性行业协会，2003年和2007年分别加入亚太区工料测量师协会（PAQS）和国际造价管理联合会（ICEC），成为国际组织的正式成员。协会的主要职责包括：协助政府主管部门拟订工程造价咨询行业的规章制度、国家标准；制定工程造价行业职业道德准则、会员惩戒办法等行规行约，发布工程造价咨询团体标准，建立工程造价行业自律机制，开展信用评价等工作，推动工程造价行业诚信体系建设，引导行业可持续发展；开展工程造价行业统计、行业信息、监管平台建设和行业调查研究，分析行业动态，发布行业发展报告；开展行业人才培训、业务交流、先进经验推介、法律咨询与援助、行业党建和精神文明建设等会员服务；主编《工程造价管理》期刊，编写工程造价专业继续教育等书籍，主办协会网站，开展行业宣传，为会员提供工程计价信息服务；建立工程造价纠纷调解机制，发挥在工程造价纠纷调解中的专业性优势，化解经济纠纷和社会矛盾，维护建筑市场秩序；加入相应国际组织，履行相关国际组织成员的职责和义务，开展国际交流与合作；承接政府及其管理部门授权或者委托的其他事项，开展行业协会宗旨允许的其他业务。为了方便开展工作，中国建设工程造价管理协会陆续在铁路、公路、水运、水利、水电、电力、石油、石化、机械、冶金、煤炭、建材、林业、有色、核工业、援外、军队等行业或部门设置了工作委员会。

在建立造价工程师执业资格制度后，各省、自治区、直辖市以及部分地级市在所属地方设立了工程造价管理协会或造价工程师协会。地方协会一般归属地方建设行政主管部门业务管理，并接受中国建设工程造价管理协会的业务指导，在所在行政区域内开展工作，对全国工程造价行业管理水平的整体提升起到了积极作用。

3.3　工程造价管理制度

3.3.1　造价工程师职业资格制度

1. 造价工程师职业资格制度

1）造价工程师的定义与分类

2018年住房和城乡建设部、交通运输部、水利部和人力资源和社会保障部颁布《造价工程师职业资格制度规定》，造价工程师是指通过职业资格考试取得中华人民共和国造价工程师职业资格证书，并经注册后从事建设工程造价工作的专业技术人员。

2）造价工程师职业资格制度的产生与发展

1996年人事部、建设部联合发布《造价工程师执业资格制度暂行规定》，要求凡从事工程建设活动的建设、设计、施工、工程造价咨询、工程造价管理等单位和部门，必须在计价、评估、审查（核）、控制及管理等岗位配备有造价工程师执业资格的专业技术管理人员。并进一步明确了造价工程师考试、注册的有关要求，以及造价工程师的权利与义务。

党的十八大后，国家取消了多项由部门或行业协会设立的职业资格。2016年1月，国务院印发《关于取消一批职业资格许可和认定事项的决定》，取消了建设工程造价员职业资格。造价员资格取消后，造价工程师执业资格制度在实施中也出现了一些不适应的问题，矛盾日渐突出。一是随着我国基本建设投资规模的不断增加，造价工程师总体数量满足不了市场多方主体需求；二是造价工程师层级设置单一，不能完全适应工程造价专业的特点，也难与国际发达的市场经济国家接轨、互认等；三是造价工程师执业资格制度设置较早，《造价工程师执业资格制度暂行规定》没有考试实施办法，在报考条件、专业和内容设置等方面也需要与时俱进。

2016年12月，人力资源和社会保障部公布了《国家职业资格目录清单》，造价工程师资格纳入国家职业资格目录清单，2018年7月住房和城乡建设部、交通运输部、水利部、人力资源社会保障部共同发布了《造价工程师职业资格制度规定》和《造价工程师职业资格考试实施办法》，明确设置造价工程师准入类职业资格，分为一级造价工程师和二级造价工程师，从业资格也从执业发展为职业，工程造价咨询企业和工程建设活动中有关工程造价管理岗位按需要配备造价工程师。四部委共同制定造价工程师职业资格制度，并按照职责分工负责造价工程师职业资格制度的实施与监管。各省、自治区、直辖市住房城乡建设、交通运输、水利、人力资源和社会保障行政主管部门，按照职责分工负责本行政区域内造价工程师职业资格制度的实施与监管。

3）造价工程师注册管理制度框架

《国家职业资格目录清单》《造价工程师职业资格制度规定》构成了造价工程师职业资格的制度基础，也是全国造价工程师实施注册管理制度的前提。为了适应行业发展的需要，《注册造价工程师管理办法》先后进行了三次修订，并在此基础上完善了《注册造价工程师继续教育实施暂行办法》，对造价工程师的注册和继续教育作出了相应的规定，完善了造价工程师继续教育制度。2022年，人力资源和社会保障部又发布《关于降低或取消部分准入类职业资格考试工作年限要求有关事项的通知》，对造价工程师报考条件进行了调整。

2. 职业资格考试管理

1）考试大纲管理

根据《造价工程师职业资格制度规定》的要求，一级和二级造价工程师职业资格考试均设置基础科目和专业科目。一级造价工程师实行全国统一大纲、统一命题、统一组织的考试制度；二级造价工程师实行全国统一大纲，各省、自治区、直辖市自主命题并组织实施的考试制度。

2）职责划分

住房和城乡建设部组织拟定一级造价工程师和二级造价工程师职业资格考试基础科目的考试大纲，组织一级造价工程师基础科目命审题工作。住房和城乡建设部、交通运输部、水利部按照职责分别负责拟定一级造价工程师和二级造价工程师职业资格考试专业科目的考试大纲，组织一级造价工程师专业科目命审题工作。人力资源社会保障部负责审定一级造价工程师和二级造价工程师职业资格考试科目和考试大纲，负责一级造价工程师职业资格考试考务工作。人力资源社会保障部会同住房和城乡建设部、交通运输部、水利部确定一级造价工程师职业资格考试合格标准。各省、自治区、直辖市住建、交通运输、水利行政主管部门会同人力资源社会保障行政主管部门，按照全国统一的考试大纲和相关规定组织实施二级造价工程师职业资格考试。各地人力资源社会保障行政主管部门会同住建、交通运输、水利行政主管部门确定二级造价工程师职业资格考试合格标准。

3）一级造价工程师报名考试条件

凡遵守中华人民共和国新宪法、法律法规，具有良好的业务素质和道德品行，具备下列条件之一者，可以申请一级造价工程师职业资格考试：

（1）具有工程造价专业大学专科（或高等职业教育）学历，从事工程造价业务工作满4年；具有土木建筑、水利、装备制造、交通运输、电子信息、财经商贸大类大学专科（或高等职业教育）学历，从事工程造价业务工作满5年。

（2）具有工程造价、通过工程教育专业评估（认证）的工程管理专业大学本科学历或学位，从事工程造价业务工作满3年；具有工学、管理学、经济学门类大学本科学历或学位，从事工程造价业务工作满4年。

（3）具有工学、管理学、经济学门类硕士学位或者第二学士学位，从事工程造价业务工作满2年。

（4）具有工学、管理学、经济学门类博士学位。

（5）具有其他专业相应学历或者学位的人员，从事工程造价业务工作年限相应增加1年。

4）二级造价工程师报名考试条件

凡遵守中华人民共和国新宪法、法律法规，具有良好的业务素质和道德品行，具备下列条件之一者，可以申请二级造价工程师职业资格考试：

（1）具有工程造价专业大学专科（或高等职业教育）学历，从事工程造价业务工作满1年；具有土木建筑、水利、装备制造、交通运输、电子信息、财经商贸大类大学专科（或高等职业教育）学历，从事工程造价业务工作满2年。

（2）具有工程管理、工程造价专业大学本科及以上学历或学位；具有工学、管理学、经济学门类大学本科及以上学历或学位，从事工程造价业务工作满1年。

（3）具有其他专业相应学历或学位的人员，从事工程造价业务工作年限相应增加1年。

5）专业、考试科目划分与成绩有效期

一级造价工程师职业资格考试设《建设工程造价管理》《建设工程计价》《建设工程技术与计量》《建设工程造价案例分析》4个科目，其中《建设工程造价管理》和《建设工程计价》为基础科目，《建设工程技术与计量》和《建设工程造价案例分析》为专业科目。二级造价工程师职业资格考试设《建设工程造价管理基础知识》《建设工程计量与计价实务》2个科目，其中《建设工程造价管理基础知识》为基础科目，《建设工程计量与计价实务》为专业科目。

专业科目分为土木建筑工程、交通运输工程、水利工程和安装工程4个专业类别，考生在报名时可根据实际工作需要选择其一。其中，土木建筑工程、安装工程专业由住房和城乡建设部负责；交通运输工程专业由交通运输部负责；水利工程专业由水利部负责。

一级造价工程师职业资格考试成绩实行4年为一个周期的滚动管理办法，在连续的4个考试年度内通过全部考试科目，方可取得职业资格证书。二级造价工程师职业资格考试成绩实行2年为一个周期的滚动管理办法，参加全部2个科目考试的人员必须在连续的2个考试年度内通过全部科目，方可取得职业资格证书。已取得造价工程师一种专业职业资格证书的人员，报名参加其他专业科目考试的，部分省市还规定具有经专业教育评估（认证）的工程管理、工程造价专业学士学位的大学本科毕业生可免试基础科目。考试合格后，核发人力资源社会保障部门统一印制的相应专业考试合格证明。该证明作为注册时增加执业专业类别的依据。

6）资格证书

一级造价工程师职业资格考试合格者，由各省、自治区、直辖市人力资源社会保障行政主管部门颁发中华人民共和国一级造价工程师职业资格证书。证书由人力资源社会保障部统一印制，住房和城乡建设部、交通运输部、水利部按专业类别分别与人力资源和社会保障部用印，在全国范围内有效。二级造价工程师职业资格考试合格者，由各省、自治区、直辖市人力资源社会保障行政主管部门颁发中华人民共和国二级造价工程师职业资格证书。证书由各省、自治区、直辖市住房城乡建设、交通运输、水利行政主管部门按专业类别分别与人力资源社会保障行政主管部门用印，原则上在所在行政区域内有效。

3. 注册管理

1）造价工程师职业资格制度规定

《造价工程师职业资格制度规定》明确国家对造价工程师职业资格实行执业注册管理制度。取得造价工程师职业资格证书且从事工程造价相关工作的人员，经注册方可以造价工程师名义执业。

住房和城乡建设部、交通运输部、水利部分别负责一级造价工程师注册及相关工作。各省、自治区、直辖市相关主管部门按专业类别分别负责二级造价工程师注册及相关工作。经批准注册的申请人，由住房和城乡建设部、交通运输部、水利部核发《中华人民共和国一级造价工程师注册证》（或电子证书）；或由各省、自治区、直辖市相关行政主管部门核发《中华人民共和国二级造价工程师注册证》（或电子证书）。造价工程师执业时应持注册证书和执业印章。住房和城乡建设部、交通运输部、水利部按照职责分工建立造价工程师注册管理信息平台，保持通用数据标准统一。住房和城乡建设部负责归集全国造价工程师注册信息，促进造价工程师注册、执业和信用信息互通共享。

2）注册造价工程师管理办法

造价工程师的注册管理包括初始注册、延续注册、变更注册、撤销注册、注销注册、重新注册、暂停执业、不予注册等情形。注册造价工程师的初始、变更、延续注册，逐步实行网上申报、受理和审批。

4. 执业

住房和城乡建设部、交通运输部、水利部共同建立健全造价工程师执业诚信体系，制定相关规章制度或从业标准规范，并指导监督信用评价工作。造价工程师必须遵纪守法，恪守职业道德和从业规范，诚信执业，主动接受有关主管部门的监督检查，加强行业自律，不得同时受聘于两个或两个以上单位执业，不得允许他人以本人名义执业，严禁"证书挂靠"。出租出借注册证书的，依据相关法律法规进行处罚；构成犯罪的，依法追究刑事责任。

5. 继续教育

《造价工程师职业资格制度规定》明确取得造价工程师注册证书的人员，应当按照国家专业技术人员继续教育的有关规定接受继续教育，每一个注册期内应当达到注册机关规定的继续教育要求，更新专业知识，提高业务水平。经继续教育达到合格标准的，颁发继续教育合格证明。目前，中国建设工程造价管理协会制定了《注册造价工程师继续教育管理办法》等相关文件，并提供了全国造价工程师网络继续教育平台。造价工程师的培养形成了一套完整的从学历教育、执业教育到继续教育的终身教育培养体系，贯穿了造价工程师的整个学习和执业生涯。

6. 信用管理

《造价工程师职业资格制度规定》规定，造价工程师必须遵纪守法，恪守职业道德和从业规范，诚信执业，主动接受有关主管部门的监督检查，加强行业自律。住房和城乡建设部、交通运输部、水利部共同建立健全造价工程师执业诚信体系，制定相关规章制度或从业标准规范。工程造价行业组织应当加强造价工程师自律管理。鼓励注册造价工程师加入工程造价行业组织。注册造价工程师及其聘用单位应当按照有关规定，向注册机关提供真实、准确、完整的注册造价工程师信用档案信息。注册造价工程师信用档案信息按有关规定向社会公示。

3.3.2　工程造价咨询企业管理制度

我国工程造价咨询企业资质管理制度随着造价工程师资格准入制度而产生。2021年随着国务院"证照分离"的去行政化改革的深入而取消。

1. 工程造价咨询企业管理制度的产生

工程造价咨询企业是指接受委托，对建设项目投资、工程造价的确定与控制提供专业咨询服务的企业。1996年3月，建设部发布了《关于印发〈工程造价咨询单位资质管理办法（试行）〉的通知》，自此工程造价咨询制度应运而生。

2. 工程造价咨询企业管理制度的调整

从21世纪初开始，国家建筑业主管部门陆续发布《工程造价咨询单位资质管理办法（试行）》《工程造价咨询企业管理办法》等文件，对工程造价咨询企业的管理原则、资质等级标准、业务许可范围、资质许可的程序与要求、成果管理、备案管理、信用管理等都提出了具体的行政管理要求，促进了我国工程造价咨询业的快速发展。首先，2021年6月国务院发布《关于深化"证照分离"改革进一步激发市场主体发展活力的通知》，取消了工程造价咨询企业资质认定，工程造价咨询企业按照其营业执照经营范围开展业务，行政机关、企事业单位、行业组织不得要求企业提供工程造价咨询企业资质证明。其次，健全了企业信息管理制度，鼓励企业自愿在全国工程造价咨询管理系统完善并及时更新相关信息，供委托方根据工程项目实际情况选择参考，企业对所填写信息的真实性和准确性负责，并接受社会监督。第三，健全了政府主导、企业自治、行业自律、社会监督的协同监管格局，建立企业信用与执业人员信用挂钩机制，强化个人执业资格管理，落实工程造价咨询成果质量终身责任制，推广职业保险制度。第四，提升了工程造价咨询服务能力，深化工程领域咨询服务供给侧结构性改革，积极培育具有全过程咨询能力的工程造价咨询企业，提高企业服务水平和国际竞争力。最后，各级建筑业主管部门落实放管结合的要求，强化工程造价咨询企业资质取消后的事中事后监管工作，健全审管衔接机制，完善工作机制，全面推行"双随机、一公开"监管，根据企业信用风险分类结果实施差异化监管措施，及时查处相关违法、违规行为，并将监督检查结果向社会公布。

工程造价咨询资质是伴随着工程造价咨询业的产生而建立的，资质的建立对工程造价咨询企业的快速成长起到了重大的促进作用。随着我国市场经济体制的逐步成熟，它伴随着去行政化的改革而取消，标志着我国工程咨询的成熟，促进其进入专业化、综合化、规模化、国际化高质量发展的新阶段。

3. 工程造价咨询服务的内容

1）工程造价咨询服务的基本内容

工程造价咨询服务是指工程造价咨询企业接受委托，对建设项目工程造价的确定与控制提供专业服务，出具工程造价成果文件的活动。根据《2021年中国工程造价咨询行业发展现状分析报告》显示，我国工程造价咨询行业服务内容涵盖可行性研究、项目经济评价、投资估算、工程概算、工程预算、工程结算、工程招标控制价和投标报价的编制与审核、工程造价的监控、工程造价信息的提供等。其主要营业收入包括工程造价咨询、招标代理、项目管理、工程咨询和建设工程监理等业务收入，按照工程建设的阶段划分，包括前期决策阶段咨询、实施阶段咨询、竣工结（决）算阶段咨询、全过程工程造价咨询、工程造价经济纠纷的鉴定和仲裁的咨询和其他工程造价咨询业务等，服务的专业领域涉及房屋建筑、市政、公路、工程、水利和其他工程等专业领域，覆盖面比较广、涉及面宽，充分体现了工程造价咨询行业在经济社会发展中发挥的重要作用。

2）工程造价咨询企业服务清单

为促进工程造价咨询行业高质量发展，创造公开、公平的市场竞争环境，2019 年 6 月，中国建设工程造价管理协会发布《工程造价咨询企业服务清单》，旨在对工程造价咨询服务项目、服务内容及成果和服务质量等进行规范化管理。

《工程造价咨询企业服务清单》分为投资决策、技术经济、经济鉴定、管理服务和国际工程咨询等五类服务类型，每一类型又根据咨询服务的性质划分为若干项服务项目，如表 3-1 所示。此外，《工程造价咨询企业服务清单》对每一服务项目的服务内容和服务成果文件提出了具体要求，在服务质量方面要符合咨询服务合同的约定、符合行业标准要求和有关工程造价管理规范、规程等方面的要求。工程造价咨询企业可以根据本企业专业技术水平和服务能力在本标准选择适合本企业的服务项目，工程造价咨询企业可以接受建设单位或总承包单位委托，根据不同的发承包阶段、发承包模式开展工程咨询工作。从表 3-1 可以看出，随着我国社会经济的持续发展和我国工程建设体制的不断完善，工程造价咨询行业将要提供更多的专业化咨询服务于工程项目的管理，对工程造价专业人才的培养也提出了更高的要求。

工程造价咨询企业服务清单　　　　　　　　　　　　　　表 3-1

服务类型	服务项目
A 投资决策类	项目投资机会研究，投融资策划，项目建议书编制，项目可行性研究，项目申请报告编制，资金申请报告编制，PPP 项目咨询，项目建议书评估咨询，项目可行性研究报告评估咨询，项目申请报告评估咨询，项目资金申请报告评估咨询，PPP 项目评估咨询
B 技术经济类	**B1 全过程咨询** 可行性研究后工程总承包咨询，初步设计后工程总承包咨询，施工图设计后施工总承包咨询
	B2 专项咨询 建筑策划，投资估算编制与审核，总体设计与专项设计方案经济分析，限额设计与设计优化造价咨询，项目设计概算编制与审核，施工图预算编制与审核，招标采购策划及合约规划，招标咨询，项目投资风险控制报告编制，项目资金使用计划编制，工程量清单编制与审核，招标控制价（最高投标限价、标底）编制，投标报价编制，清标，施工阶段过程造价控制，生产要素价格咨询，工程竣工结算编制与审核，造价指标咨询，合同解除或中止的结算编制，涉案造价咨询，BIM 应用咨询，运维咨询等

续表

服务类型	服务项目
C 经济鉴定类	**C1 政府投资项目评审** 设计概算，调整概算，施工图概算，最高投标限价（标底）与工程变更评审
	C2 跟踪审计 基本建设程序，项目建设资金，项目征地拆迁，项目招标投标，项目质量安全与进度管理，项目生态环境保护，项目概预算执行情况跟踪审计，项目投资绩效评价
	C3 政府投资项目竣工审计 工程竣工结算审计，工程竣工决算审计
	C4 工程造价鉴定 诉讼／仲裁中的工程造价鉴定
D 管理服务类	**D1 项目（代建）管理** 项目建议书阶段管理，项目可行性研究阶段管理，投资估算编制管理，项目勘察管理、设计管理，设计阶段造价管控，招标策划、文件、过程、合同管理，实施阶段质量、进度、投资和安全文明施工与环境保护管理，竣工验收、结算、资料、移交、决算管理，项目保修管理，项目后评价、绩效评价、设施与资产管理
	D2 建设管理咨询 投资政策咨询，项目风险评估，管理制度咨询，项目信息管理咨询
E 国际工程咨询类	**E1 国际工程咨询** 投资环境咨询，市场价格咨询，风险评估咨询
	E2 国际工程咨询 对外投资、承包与援助项目咨询，外商在华投资项目咨询

3）数字化背景下的工程咨询服务

2022 年 1 月，国务院发布《关于印发"十四五"数字经济发展规划的通知》，进一步明确促进数字技术在全过程工程咨询领域的深度应用，引领咨询服务和工程建设模式转型升级。现代工程造价咨询以信息技术为支撑，利用 BIM、云服务、人工智能、大数据、互联网＋、3D 打印、区块链等技术，逐步形成管理手段信息化、数字化和智能化的发展路径。

首先，运用基于数字化造价的投资估算功能（智能估算）准确进行投资估算。应用模拟清单在没有设计图纸的情况下，利用积累工程造价历史项目数据形成的指标和指数体系进行目标成本测算，利用目标成本在源头上对项目进行投资控制。

其次，基于 BIM 技术正向应用，通过 BIM 与 VR 技术，为设计 BIM 优化与施工图建模检查提供意见，提升项目的设计、施工、造价管控能力，防范设计变更、工期延误、造价增加等风险，在技术上实现设计阶段的造价控制。

再次，在施工阶段利用基于 BIM 技术从协同建模、工程量自动计算、精准计价、进度管理、质量安全管理、支付管理、变更管理、自动结算等维度对项目成本进行有效管控，严格控制项目的实施成本。

最后，通过建立全过程工程咨询管理平台，积累项目前期至项目后运维的全寿命周期的数据，可以实现全过程投资与造价的管理与控制，为将来新建项目的工程造价的匡算、估算提供依据，确保项目目标成本合理，实现数字工程造价管理的目标。此外，利用 BIM 技术建立的以造价管理为核心、合同管理为手段、信息管理为工具、数字监管为目标的数字化工程咨询管理平台，可以实现项目管理的数字化集成。

3.3.3 工程造价管理其他制度

进入 21 世纪以来，除前述的造价工程师职业资格制度、工程造价咨询企业管理制度不断完善外，2001 年，建设部便发布了《建筑工程施工发包与承包计价管理办法》（以下称《办法》），2013 年 12 月住房和城乡建设部以第 16 号部令对该《办法》进行了修订，并自 2014 年 2 月 1 日起正式施行。该《办法》在我国的工程造价业务管理方面也陆续建立和完善了工程量清单计价、最高投标限价、工程结算审查、工程造价纠纷调解等制度。此外，结合造价工程师的执业范围和司法方面的要求，我国还有工程造价鉴定制度，《中华人民共和国审计法》也有工程审计制度。

1. 工程量清单计价制度

该《办法》第六条规定，全部使用国有资金投资或者以国有资金投资为主（简称国有资金投资）的建筑工程应当采用工程量清单计价；非国有资金投资的建筑工程，鼓励采用工程量清单计价。在市场经济体制下，通过市场竞争形成工程价格，实现企业自主报价，便于使国有资金投资的建设工程在国家有关规定和标准的基础上实现更有效的监管。对非国有资金投资的工程项目鼓励采用工程量清单计价方式，其是否采用工程量清单计价方式由项目业主自主确定，这也符合《中华人民共和国招标投标法》和《中华人民共和国民法典》的基本原则和立法精神。

工程量清单计价是我国工程造价管理改革的一项制度设计，既有技术要求，还有管理要求。推行工程量清单计价是实现建筑产品市场调节价价格属性的重要改革举措，要求在国有投资的建筑工程上强制采用工程量清单计价。这将有利于国有投资的透明交易、公平对价、有效监管、防止腐败，也可以总结经验，完善办法和规则，起到具有示范和导向作用。

2. 最高投标限价制度

该《办法》的第六条同时要求，国有资金投资的建筑工程招标的，应当设有最高投标限价；非国有资金投资的建筑工程招标的，可以设有最高投标限价或者招标标底。最高投标限价及其成果文件，应当由招标人报工程所在地县级以上地方人民政府住房城乡建设主管部门备案。第八条要求，最高投标限价应当依据工程量清单、工程计价有关规定和市场价格信息等编制。招标人设有最高投标限价的，应当在招标时公布最高投标限价的总价，以及各单位工程的分部分项工程费、措施项目费、其他项目费、规费和税金。

最高投标限价（即招标控制价）制度是与工程量清单计价制度的一套配套制度，可以防止"高价围标"和"低价诱标"，替代需要保密的标底管理形式，进一步实现公平交易，投标人可对压低或不按国家有关规定编制的招标控制价进行质疑，防止个别招标人利用主体优势压低招标控制价，进而压低中标价的现象。

2020 年，住房和城乡建设部发布关于工程造价改革工作方案的通知，提出要加快转变政府职能，优化概算定额、估算指标编制发布和动态管理，取消最高投标限价按定额计价的规定，逐步停止发布预算定额，引导建设单位根据工程造价数据库、造价指标指数和市场价格信息等编制和确定最高投标限价，从最高投标限价制度上看，与《中华人民共和国招标投标法》是相符合的。未来，政府将逐步通过建设单位和企业建设的工程造价数据库来取代以工程造价管理机构发布的定额来编制最高投标限价，强化建设单位的管控责任和市场机制，但最高投标限价本身不会受到影响。

3. 工程竣工结算审查制度

该《办法》第十八条规定，工程完工后，应当按照下列规定进行竣工结算：（一）承包方应当在工程完工后的约定期限内提交竣工结算文件。（二）国有资金投资建筑工程的发包方，应当委托具有相应资质的工程造价咨询企业对竣工结算文件进行审核，并在收到竣工结算文件后的约定期限内向承包方提出由工程造价咨询企业出具的竣工结算文件审核意见；逾期未答复的，按照合同约定处理，合同没有约定的，竣工结算文件视为已被认可。非国有资金投资的建筑工程发包方，应当在收到竣工结算文件后的约定期限内予以答复，逾期未答复的，按照合同约定处理，合同没有约定的，竣工结算文件视为已被认可；发包方对竣工结算文件有异议的，应当在答复期内向承包方提出，并可以在提出异议之日起的约定期限内与承包方协商；发包方在协商期内未与承包方协商或者经协商未能与承包方达成协议的，应当委托工程造价咨询企业进行竣工结算审核，并在协商期满后的约定期限内向承包方提出由工程造价咨询企业出具的竣工结算文件审核意见。（三）承包方对发包方提出的工程造价咨询企业竣工结算审核意见有异议的，在接到该审核意见后一个月内，可以向有关工程造价管理机构或者有关行业组织申请调解，调解不成的，可以依法申请仲裁或者向人民法院提起诉讼。发承包双方在合同中对本条第（一）款、第（二）款的期限没有明确约定的，应当按照国家有关规定执行；国家没有规定的，可认为其约定期限均为28日。《办法》第十九条规定，工程竣工结算文件经发承包双方签字确认的，应当作为工程决算的依据，未经对方同意，另一方不得就已生效的竣工结算文件委托工程造价咨询企业重复审核。发包方应当按照竣工结算文件及时支付竣工结算款。竣工结算文件应当由发包方报工程所在地县级以上地方人民政府住房城乡建设主管部门备案。

工程竣工结算审查制度要求建设工程完工后要进行竣工结算，工程结算审查制度是保证招标投标制度、工程量清单计价制度、招标控制价制度的有效落实的重要举措。

4. 工程造价纠纷调解制度

该《办法》第十八条第（三）款明确，承包方对发包方提出的工程造价咨询企业竣工结算审核意见有异议的，在接到该审核意见后一个月内，可以向有关工程造价管理机构或者有关行业组织申请调解，调解不成的，可以依法申请仲裁或者向人民法院提起诉讼。

工程造价纠纷调解目的是避免工程纠纷过多地进入漫长的诉讼程序，降低工程造价纠纷的处理费用、化解承发包双方的矛盾、尽快完成工程结算。工程造价纠纷调解制度建设的重点是明确了调解的主体问题。《办法》明确发生工程造价纠纷时，可以向有关工程造价管理机构或者有关行业组织申请调解，同意工程造价管理机构或者有关行业组织调解意见或同意评审建议的，纠纷自然解决，否则仍然可以通过仲裁或诉讼解决纠纷。这有利于推进国际上普遍采用的工程造价纠纷通过调解的解决方式，促进工程造价纠纷的高效解决和社会和谐，同时，也避免以工程造价纠纷为借口而拖欠工程款，使工程造价的管理制度进一步完善。

5. 工程造价鉴定制度

工程造价鉴定是指鉴定机构接受人民法院或仲裁机构委托，在诉讼或仲裁案件中，鉴定人运用工程造价方面的科学技术和专业知识，对工程造价争议中涉及的专门性问题进行鉴别、判断并提供鉴定意见的活动。

我国在总结多年来工程造价鉴定工作经验的基础上，以《中华人民共和国民事诉讼法》规定的基本鉴定程序为依据，考虑到工程造价鉴定的特殊性，通过《造价工程师注册管理办法》《建设工程造价咨询规范》《建设工程造价鉴定规范》建立了工程造价鉴定制度。进行工程造价鉴定的，应委托工程造价咨询企业承办，鉴定人应是注册于本鉴定机构的造价工程师，并在鉴定机构出具的工程造价鉴定意见书上签字盖章，并履行出庭作证等义务。

6. 工程结算审计制度

《中华人民共和国审计法》要求对于政府投资和政府投资为主的建设项目而言，审计机关依法对政府投资和以政府投资为主的建设项目的预算或者概算的执行情况、年度预算的执行情况和年度决算、单项工程结算、项目竣工决算，依法进行审计监督；从国有投资监管的角度对建设项目资金的筹措、工程造价的确定与控制情况、资金的支付、结余、绩效等多方面进行审计和监管，对直接有关的设计、施工、供货等单位取得建设项目资金的真实性、合法性进行调查。

工程审计是投资项目可以依据其管理情况自行设定是否设置审计程序，工程审计不同于招标投标和工程结算审查等制度，不能代替工程结算。政府投资项目基本均要进行工程审计，主要目的是行政监督，确保国有投资的增值保值和绩效，大多数非国有投资项目属于抽查性内部审计。

3.4　工程造价行业的发展状况

3.4.1　我国工程造价的管理形式与特点

现阶段我国工程造价的管理更多地体现了历史的传承和中国特色，政府对宏观和微观的工程造价管理发挥着重要的约束作用，主要包括以下四个方面。

1. 法规和文件规制下的工程造价管理

法律法规是实施工程造价管理的重要依据，与工程造价管理相关的法律包括《建筑法》《民法典》《招标投标法》《价格法》《政府采购法》《审计法》和《仲裁法》等。以法律为依据，行业管理部门陆续发布了《招标投标法实施条例》《政府采购法实施条例》《建设工程质量管理条例》和《建设工程安全生产管理条例》等行政法规，和《工程造价咨询企业管理办法》《注册造价工程师管理办法》《建筑工程施工发包与承包计价管理办法》《建设工程价款结算暂行办法》和《建筑安装工程项目与费用组成》等工程造价管理专门的部门规章。上述部门规章和规范性文件构建了工程造价管理的造价工程师执业资格制度、工程造价咨询资质管理制度、工程量清单计价制度、工程招标的最高投标限价制度、国有投资工程结算制度、工程造价纠纷调解制度、工程造价鉴定制度、建设工程造价审计制度等。在工程造价市场化改革的背景下，相关法规不仅要强化市场形成价格的机制、完善工程交易规则，也要按照"放管服"的要求对限制市场形成工程价格、限制工程咨询市场持续健康发展的部分管理制度作出相应的调整。

2. 标准约束下的工程造价管理

近年来，我国工程造价领域的标准化工作得到了一定的发展，针对当前造价管理领域的诸多问题，编制并实施了若干具有行业特点的相关标准，如：《工程造价术语标准》《建设工程工程量清单计价规范》《建设工程咨询规范》《建筑工程建筑面积计算规范》和《建设工程造价鉴定规范》等。中国建设工程造价管理协会也出台了诸多规范工程造价咨询成果文件编制的协会标准，如：《建设项目投资估算编审规程》《建设工程设计概算编审规程》《建设工程结算编审规程》等。这些标准对规范工程造价管理、提高工程造价咨询成果质量起到了重要的作用。但是在当前标准约束下的工程造价管理方式尚存在一些不足，表现在工程造价领域相关标准的体系仍不完善，缺乏统一标准的规范和指导，尤其是涉及工程造价成果文件交互的数据，地方标准无序建设，甚至形成了区域壁垒，使得在工程造价专业的标准化难以达到理想的水平。

3. 政府工程计价定额引导下的工程计价

工程计价定额是计算工程造价的主要依据，不同设计阶段应选用不同的工程计价定额。项目规划与可行性研究报告阶段应用估算指标编制投资估算，初步设计与技术设计阶段应用概算定额编制设计概算，施工图设计阶段应用预算定额编制施工图预算。估算指标、概算定额是在预算定额的基础上，根据工程项目划分情况予以适当综合与扩大，以适应不同设计深度的要求。

目前，国家建设行政主管部门共计编制发布了与工程量清单计价配套的建筑工程、设备安装工程、城市轨道交通、市政工程等全国统一计价定额。各地区和各行业也陆续编制和发布了地方和专业工程计价定额，形成了完善的建设工程预算定额体系，基本满足了各类建设工程计价的需要。但是由于定额修编往往持续时间过长，很多定额子目存在"以量补价"，人工、机械消耗量明显偏高的现象，这一问题亟待进一步完善。

2003年我国开始实施体现工程造价管理市场化的工程量清单计价措施，旨在弱化工程计价对定额的依赖。但是由于建设单位和工程造价咨询企业没有积累起相应的市场交易数据和工程成本数据，致使我们的工程计价还得依赖于工程造价管理机构发布的工程计价定额。2008年实施招标控制价制度后，规定招标控制价编制与复核的依据是国家或省级、行业建设主管部门颁发的计价定额和计价办法、工程设计文件及相关资料、拟定的招标文件及招标工程量清单、工程造价管理机构发布的工程造价信息等，这无形中强化了国家或省级、行业建设主管部门颁发的计价定额及工程造价信息的作用，弱化了企业编制施工定额、预算定额的积极性，淡化了工程定额本该在工程成本管理、工期管理方面的基础作用。因此，消除政府发布工程计价定额对市场形成工程价格的影响是摆在各级工程造价管理者面前的一个不可忽视的重要问题。

4. 政府依赖性的工程计价信息支撑

工程计价信息是工程计价的基础，具体包括建设工程造价指数，建设工程造价综合指标，以及建设工程人工、设备、材料、施工机械要素价格信息等。工程计价信息要按照标准化、网络化、动态化的基本原则进行建设，并通过工程造价管理机构、协会、企业的共同参与打造工程造价信息化平台，进行工程信息的发布、共享和服务。2007年以来，住房和城乡建设部陆续制订和完善了工程造价信息化工作规划和工作制度，通过国家、行业和地区建设工程造价信息平台的建设、维护和运行，及时、准确地发布了工程造价信息，初步形成了工程造价信息网络发布系统，为政府和社会提供了政策信息、行业动态、行政许可和工程造价指数等公共服务，提高了行政管理的效能。建立了分地区的人工成本、住宅和城市轨道建筑安装工程造价指标，建筑工程材料、施工机械信息价格发布制度和基本信息。

但是目前依然存在一些管理问题，一是国有投资项目的工程计价过于依赖工程造价管理机构发布的人工、材料、施工机械价格信息；二是信息发布主要局限于人工和材料价格信息，应该由政府发布的价格指数、典型工程的技术经济指标没有发布，并缺乏配套制度；三是无论是工程造价管理机构发布的，还是信息服务企业发布的市场价格信息，准确性和时效性都不高。

3.4.2　我国工程造价行业的发展成就

1. 工程造价管理制度建设稳步推进

一是以规范工程造价管理各方主体为主的管理制度先后出台；二是以规范工程造价咨询企业和工程造价专业人员的规章制度不断完善；三是各地区相继出台了工程造价管理法规，如云南、甘肃、山东省发布了工程造价管理条例，安徽、江苏、青海等20个省以省长令发布了工程造价管理办法，保证了各项工程造价管理制度的顺利实施。这些制度为稳步推进工程造价管理体制改革，规范工程造价管理和促进工程造价咨询业的科学发展营造了良好的法制环境。

2. 工程造价管理改革取得一定进展

首先，推行工程量清单计价是建筑业发展适应国际惯例与国际接轨的客观需要，也是深化工程造价管理体制改革，有效规范建筑市场秩序的治本措施，改革了工程造价形成机制，2008年、2013年我国及时总结经验，对该工程量清单计价规范进行了两次系统修订。其次，各地区纷纷编制了与工程量清单计价相适应的工程量清单计价指南，并加以实施和推广，不断总结和推广实行工程量清单计价以来的经验，形成了良性互动。另外，《工程造价改革工作方案》对我国工程造价管理改革提出了新的要求，即坚持市场在资源配置中起决定性作用，正确处理政府与市场的关系，工程造价管理工作不断适应我国经济建设的需要，建立与市场经济相适应的工程造价管理体系，进一步完善工程造价市场形成机制。

3. 工程计价依据体系初步确立

首先，近年来我国陆续以国家标准的形式颁布了《工程造价术语标准》《建设工程计价设备及材料划分标准》《建设工程工程量清单计价规范》《建设工程造价咨询规范》《建筑工程建筑面积计算规范》，以及《房屋建筑和装饰工程工程量计算规范》《通用安装工程工程量计算规范》等工程量计算规范，逐渐形成了以统一工程造价管理基本术语等为基础标准，以规范的工程量清单计价、项目划分和计量规则等为技术规范，以规范的各类工程造价成果文件编制的咨询规范为成果质量的工程造价标准体系框架，并不断加以补充和完善。

其次，建立并完善工程计价定额体系。多年来，我国优先编制住房保障、节能减排、城乡规划、村镇建设以及工程质量安全等方面的定额，与此同时建筑工程、设备安装工程、城市轨道交通、市政工程等各类工程计价定额的体系逐渐形成，工程计价定额基本满足了市场需要，定额框架体系不断完善，基本满足了各类建设工程计价的需要。随着国家在各类基础设施项目的持续建设和"新基建"战略的实施，为适应随之而来的高、大、难、新工程和节能减排外部约束，合理确定和控制造价，陆续颁布实施《城市轨道交通工程投资估算指标》《城市轨道交通工程预算定额》《高速铁路路基、桥梁、隧道、轨道工程补充定额》及《特高压直流工程系列定额》等计价依据，对国有建设项目的投资有效管理和工程造价控制，发挥了重要作用。

最后，工程造价信息化工作稳步推进。我国制定了工程造价信息化工作规划和工作制度，并通过"中国工程造价信息网"以及行业和地区建设工程造价信息平台，及时、准确地发布了工程造价信息，初步形成了工程造价信息网络发布系统，为政府和社会提供了政策信息、行业动态、行政许可等公共服务。建立并完善了全国性的工程造价咨询企业、造价工程师的电子政务管理系统。工程造价信息标准化、动态化、网络化和实效性得以加强，发挥了工程计价的信息支撑作用。

4. 工程造价咨询行业健康发展

一是工程造价咨询行业发展迅速。自1996年工程造价咨询制度建立后，工程造价咨询行业发展态势良好，已经得到建设市场各方广泛认可，在为政府和社会提供大量咨询服务的同时，自身也在经济建设实践中得到了锻炼并不断成长壮大。二是业务范围从工程计价发展到全过程造价管理。工程造价咨询正在从单一的各阶段工程计价和控制，逐渐向建设项目全过程造价管理方向发展，并不断拓展综合工程咨询业务，目前全过程工程造价咨询收入占工程造价咨询业务的比例已经超过 40%，开展综合咨询业务的企业已经超过一半以上。工程造价专业人员的执业能力和综合服务能力不断提高，在提高工程投资效益、维护各方权益等方面发挥着重要作用。三是工程造价咨询业正在向更高层次发展。工程造价咨询作为建设工程管理的手段之一，在有效控制和管理政府投资工程、加强政府和国有投资项目的监督管理、工程审计，以及确保工程质量和安全、绿色节能等方面发挥着重要作用。此外，工程造价咨询企业的造价纠纷鉴定业务和造价工程师参与仲裁业务逐步得到各方利益主体的认可，为化解经济矛盾和维护社会稳定作出了一定贡献。

5. 国际交流与合作得以加强，国际地位不断提升

2003 年和 2007 年，中国建设工程造价管理协会以中国唯一代表的身份分别加入亚太区工料测量师协会（PAQS）和国际造价工程联合会（ICEC），中国的工程造价行业和造价工程师在国际工程造价领域的地位不断提升。

3.4.3　工程造价管理工作的主要挑战

《工程造价改革工作方案》明确了我国未来工程造价管理的主要工作，但是就目前而言，大多工程造价管理机构、工程造价咨询企业还不能按照工程价格市场化、建筑产业化、业务和管理数字化的发展要求提供高质量的服务，这与供给侧改革、完善的市场经济体制的发展要求还有很大差距，概括起来主要表现在以下几个方面：

（1）工程造价管理工作缺乏法律法规的有效支撑。工程造价管理的立法比较薄弱，在工程造价管理制度上，工程造价管理与监督上较为缺乏，导致工程造价管理机构定位不清、监管乏力，建筑市场在市场秩序、交易公平、合理确定工程价格、合同的如实履约，以及工程价款支付，工程质量与安全上缺乏有效的保证。与律师、会计师、建筑师相比，造价工程师的职能没有法律和行政法规上的体现，工程造价咨询业的执业环境有待改善，这也为工程造价管理、工程造价纠纷争议处理带来了诸多不便。

（2）各方主体过度依赖政府发布的工程计价依据。投资管理、工程建设、财政、审计等部门，以及建设单位、施工企业、工程造价咨询企业等与工程建设相关各方主体都过度地依赖政府发布的工程定额、计价定额、费用定额、工程计价信息进行工程造价的确定与核算，以及争议的解决，不符合市场竞争形成价格的发展要求，也遏制了真实的工程造价数据的产生、积累与复用，没有形成市场化的工程造价管理体系。

（3）合同管理在工程造价管控中的作用不够显著。建设单位和工程咨询企业没有发挥好合同管理在工程造价管控中的关键作用，没有重视以合同方式全面地管控工程、工程价格和工程价款支付，没有运用好招标人发布的工程量清单和投标人的投标报价。合同管理作为合同的重要组成部分，承载着工程交易、工程计量支付以及工程结算的重要作用。

（4）工程建设各方主体信任和诚信意识相对薄弱。工程造价专业人员的工作重点更多的是集中于工程计价业务，且不断重复进行核定工作，没有着眼于建设项目的全

寿命周期的价值管理，发挥好各方主体在工程造价管理上的应有作用。

（5）工程造价咨询企业整体实力有待进一步提升

工程造价咨询企业过多地依靠政府的工程定额和工程计价信息供给，大多企业没有企业标准、规范的作业模板、业务指南，更没有自身的企业定额、典型工程数据库、工程计价信息库，以及可资源化的业务成果。工程造价咨询企业规模普遍偏低，业务建设投入十分薄弱，整体实力有待提升，规范管理和诚信建设有待加强。

（6）企业定额主要作用没有有效发挥。多数施工企业没有建设自身的企业定额，并依靠企业定额和投标项目的施工组织方案进行投标报价，围绕交易价格以包代管，没有发挥施工企业定额在投标报价、工程分包、工料计划、成本管理等方面上的核心作用。大多施工企业管理层级过多，且放权项目经理进行工程分包、劳务分包、设备材料采购，没有形成先进的企业管理机制，发挥好企业特别是大型企业在人、财（资金）、物（材料、设备）供应链管理、物流管理方面的成本管理优势，经营管理比较粗放。

3.5　工程造价行业的改革与发展方向

2014 年 9 月住房和城乡建设部发布《关于进一步推进工程造价管理改革的指导意见》，提出要健全市场决定工程造价机制，建立与市场经济相适应的工程造价管理体系，完成国家工程造价数据库建设，构建多元化工程造价信息服务方式。完善工程计价活动监管机制，推行工程全过程造价服务。改革行政审批制度，建立造价咨询业诚信体系，形成统一开放、竞争有序的市场环境。实施人才发展战略，培养与行业发展相适应的人才队伍。因此，必须围绕健全市场决定工程造价机制，建立与市场经济相适应的工程造价管理体系，深化工程造价管理改革。

1. 健全和完善市场决定工程造价制度

加强市场决定工程造价的法规制度建设，加快推进工程造价管理立法，依法规范市场主体计价行为，落实各方权利义务和法律责任。全面推行工程量清单计价，完善配套管理制度，为"企业自主报价，竞争形成价格"提供制度保障。细化招标投标、合同订立阶段有关工程造价条款，为严格按照合同履约工程结算与合同价款支付夯实基础。按照市场决定工程造价原则，全面清理现有工程造价管理制度和计价依据，消除对市场主体计价行为的干扰，大力培育造价咨询市场，充分发挥造价咨询企业在造价形成过程中的第三方专业服务的作用。促进工程造价咨询企业经营的规模化、业务的综合化和市场的国际化。

2. 构建科学合理的工程计价依据体系

逐步统一各行业、各地区工程计价规则，以工程量清单为核心，构建科学合理的工程计价体系，为打破行业、地区分割，服务统一开放、竞争有序的工程建设市场提供保障。完善工程项目划分，建立多层级工程量清单，形成以清单计价规范和各专（行）业工程量计算规范配套使用的清单规范体系，满足不同设计深度、不同复杂程度、不同承包方式及不同管理需求下工程计价的需要。推行工程量清单全费用综合单价，鼓励有条件的行业和地区编制全费用定额，完善清单计价配套措施，推广适合工程量清单计价的要素价格指数调价法。研究制定工程定额编制规则，统一全国工程定额编码、子目设置、工作内容等编制要求，并与工程量清单规范衔接。厘清全国统一、行业、地区定额专业划分和管理归属，补充完善各类工程定额，形成服务于从工程建设到维修养护全过程的工程定额体系。实现工程总承包、施工承包、专业分包的工程计价、计量规则的全覆盖。

3. 建立与市场相适应的定额管理制度

明确工程定额定位，对国有资金投资工程，作为其编制估算、概算、最高投标限价的依据，对其他工程仅供参考。通过购买服务等多种方式，充分发挥企业、科研单位、社团组织等社会力量在工程定额编制中的基础作用，提高工程定额编制水平。鼓励企业编制企业定额。建立工程定额全面修订和局部修订相结合的动态调整机制，及时修订不符合市场实际的内容，提高定额时效性。编制有关建筑产业现代化、建筑节能与绿色建筑等工程定额，发挥定额在新技术、新工艺、新材料、新设备推广应用中的引导约束作用，支持建筑业的转型升级。实现国有投资项目各阶段工程计价定额的全覆盖。

4. 改革工程造价管理信息服务的方式

明晰政府与市场的服务边界，明确政府提供的工程造价信息服务清单，鼓励社会力量开展工程造价信息服务，探索政府购买服务，构建多元化的工程造价信息服务方式。建立工程造价信息化标准体系。编制工程造价数据交换标准，打破信息孤岛，奠定造价信息数据共享基础。建立国家工程造价数据库，开展工程造价数据积累，提升公共服务能力。制定工程造价指标指数编制标准，抓好造价指标指数测算发布工作，实现国有投资项目各阶段工程计价信息的动态化。

5. 完善全过程造价服务和计价活动监管

建立健全工程造价全过程管理制度，实现工程项目投资估算、概算与最高投标限价、合同价、结算价政策衔接。注重工程造价与招标投标、合同的管理制度协调，形成制度合力，保障工程造价的合理确定和有效控制。完善建设工程价款结算办法，转变结算方式，推行过程结算，简化竣工结算。建筑工程在交付竣工验收时，必须具备完整的技术经济资料，鼓励将竣工结算书作为竣工验收备案的文件，引导工程竣工结算按约定及时办理，遏制工程款拖欠。创新工程造价纠纷调解机制，鼓励联合行业协会成立专家委员会进行造价纠纷专业调解。

推行工程全过程造价咨询服务，更加注重工程项目前期和设计的造价确定，充分发挥造价工程师的作用，从工程立项、设计、发包、施工到竣工全过程，实现对造价的动态控制，实现各阶段工程计价文件的规范化、数据格式的标准化。发挥造价管理机构专业作用，加强对工程计价活动及参与计价活动的工程建设各方主体、从业人员的监督检查，规范计价行为。

6. 推进工程造价咨询行政审批的改革

研究深化行政审批制度改革路线图，做好配套准备工作，稳步推进改革。探索造价工程师交由行业协会管理。将甲级工程造价咨询企业资质认定中的延续、变更等事项交由省级住房城乡建设主管部门负责。放宽行业准入条件，完善资质标准，调整乙级企业承接业务的范围，加强资质动态监管，强化执业责任，健全清出制度。推广合伙制企业，鼓励造价咨询企业多元化发展。

加强造价咨询企业跨省设立分支机构管理，打击分支机构和造价工程师挂靠现象。简化跨省承揽业务备案手续，清除地方、行业壁垒。简化申请资质资格的材料要求，推行电子化评审，加大公开公示力度。

7. 推进工程造价咨询诚信体系的建设

加快造价咨询企业职业道德守则和执业标准建设，加强执业质量监管。整合资质资格管理系统与信用信息系统，搭建统一的信息平台。依托统一信息平台，建立信用档案，及时公开信用信息，形成有效的社会监督机制。加强信息资源整合，逐步建立与工商、税务、社保等部门的信用信息共享机制。探索开展以企业和从业人员执业行为和执业质量为主要内容的评价，并与资质资格管理联动，营造"褒扬守信、惩戒失信"的环境。鼓励行业协会开展社会信用评价。

8. 促进工程造价专业人才水平的提升

研究制定工程造价专业人才发展战略，完善以造价工程师执业资格制度、个人会员制度为主的人才培养机制，注重造价工程师考试和继续教育的实务操作与专业需求。加强与大专院校联系，指导工程造价专业学科建设，全面提升工程造价专业人员的素质，保证专业人才培养质量。在具体措施上促进学历教育、资格准入、继续教育的有效衔接，并通过行业领军人才带动造价工程师素质的全面提升。

复习思考题

1. 我国古代建筑工程造价（成本）管理要点主要体现在哪些方面？具体有何表现？

2. 我国工程造价管理组织机构设立的目的是什么？

3. 工程造价管理机构的具体职责包含什么？

4. 相对于"供给侧改革、完善的市场经济体制"的发展要求而言，目前我国工程造价管理工作的差距主要体现在哪些方面？

5. 未来我国工程造价行业的改革与发展方向有哪些方面？

6. 简要叙述现阶段我国工程造价的管理形式与特点。

7. 现阶段我国工程造价管理制度的组成包含哪些方面？

8. 项目规划与可行性研究报告阶段、初步设计与技术设计阶段、施工图设计阶段分别应选用何种工程计价定额？它们之间有什么关联？

第4章

我国的工程造价管理体系

【教学提示】

　　本章是对我国工程造价管理体系的研究成果进行介绍，希望通过本章和上一章关于工程造价管理制度的学习，以便让学生了解我国的工程造价管理体系与工程造价管理改革的发展方向，为专业学习和职业发展打开视野。

　　造价工程师执业资格制度建立以来，中国的工程造价行业得到了迅速发展，也取得了很大成就，但是，我们必须清醒地看到造价工程师知识结构还是相对单一，能力素质尤其是项目策划能力还有待进一步提高，主要工作还停留在工程计量和计价的基本业务上，具有系统工程管理理论和技能的人员仍很匮乏。

　　随着国务院办公厅印发的《关于促进建筑业持续健康发展的意见》（国办发〔2017〕19号）逐步落实，工程造价专业将面临三个方面的挑战。一是去行政化改革将是大势所趋，工程造价咨询企业资质等资质管理制度将逐步取消，全过程工程咨询、全面工程项目管理、综合工程咨询业务将显著增加，工程咨询企业将加快融合，工程造价专业咨询将融入工程咨询业。二是工程总承包、建筑的装配化将会促进设计、制造、建造等产业链的健康发展，实现建筑的工业化，同时，也会弱化传统的工程造价咨询业务。三是建筑领域以 BIM 技术为代表的数字技术将逐渐成熟，成为建筑业高质量发展的新动能，建筑业将面临互联网、大数据、平台经济、共享经济、现代供应链等先进理念进行组织再造，进行管理模式、技术能力的创新。这些改变，需要造价工程师更加深入开展建设项目全过程的工程造价管理的研究和工程实践，跟进数字信息技术的步伐，加强自身业务学习，关注质量、工期、安全、环境和技术进步等其他要素对工程造价及整个建设项目的综合影响，进一步开展建设项目全寿命周期价值管理的研究、探索与实践。

　　2011 年开始，中国建设工程造价管理协会在受托编制《工程造价行业发展"十二五"规划》时首次提出了"要构建以工程造价管理法律、法规为制度依据，以工程造价标准规范和工程计价定额为核心内容，以工程计价信息为服务手段的工程造价管理体系"的总体思路。并持续开展了中国工程造价管理体系的课题研究，提出了市场经济体制下中国工程造价管理体系的依据、基本原则和具体内容等，下面是对课题研究成果的介绍，目的是让工程造价专业的学生对工程造价管理体系有个整体的认识。

4.1　工程造价管理体系综述

4.1.1　体系的特征与分类

　　根据《质量管理体系结构基础和术语》ISO 9000 对"体系"的解释，体系（system）是一个科学术语，泛指一定范围内或同类的事物按照一定的秩序和内部联系组合而成的整体。《现代汉语词典》释义："体系是指若干有关事物或某些意识互相联系而构成的一个整体"。按《辞海》，体系是指由"若干有关事物互相联系、互相制约而构成的一个整体"。

　　具体来看，在用观察、实验等方法进行科学研究时，必须先确定所要研究的对象，把一部分物质与其余的分开（可以是实际的，也可以是想象的）。这种被划定的研究对象，就称为体系或物系，而在体系以外与体系密切相关、影响所能及的部分，则称为环境。为了便于研究问题，可以把体系分为三种：体系完全不受环境的影响，和环境之间没有物质或能量的交换者，称为隔离体系（或孤立体系）；体系与环境之间没有物质的交换，但可以发生能量的交换者，称为封闭体系；体系不受上述限制，即体系与环境之间可以有能量以及物质交换者，称为敞开体系。世界上一切事物总是有机地互相联系着、互相依赖着、互相制约着的，因此不可能有绝对的隔离体系。但是为了研究问题的方便，在适当的条件下，可以近似地把一个体系看成是隔离体系。

自然界的体系遵循自然的法则，而人类社会的体系则要复杂得多，如目前我国各个领域应用的"体系"就包括：法律体系、管理体系、质量体系等。

1. 体系的特征

从特征的角度来看，体系具有的特征属性可以概括为：

（1）整体性。一个体系是由若干部分组成的，各组成部分相互关联、相互配合、相互协调，形成一个有机的整体，整体性是体系的基本特征。

（2）层次性。体系的层次性是系统性的具体化。就体系本身而言，各组成部分按照对体系的重要性而形成不同层次。

（3）关联性。体系的关联性是指体系各组成部分之间在职能分工上是相互关联的。区域的每一个组成部分都有各自不同的分工，这些功能分工对于体系而言是互相关联、互相补充的，彼此分工协作共同形成体系的功能。其中，每一部分在功能上的改变都会对体系的其他部分产生影响。

（4）集聚性。体系的集聚性是指体系在布局结构上形成的特点。在一个体系中，那些性质相近、区位相近、功能相近的成分往往容易在集聚效应下逐渐聚合在一起，形成某一发展中心、发展轴或发展带。这些区域形成以后，又会作为一个整体对周围继续产生集聚效应，从而推动体系的发展。

（5）动态性。依据发展的理论，任何事物都是不断发展变化的，体系也具有动态性，是一个不断发展变化的系统。体系的动态过程就是由于体系中的某一部分或某一要素发生明显变化，从而引发体系不断调整的过程。

2. 体系分类的方法

体系（及类别）的科学分类是科学研究的重要基础，也是进行制度设计、研究成果表现、项目管理的前提，体系的分类有多种方法，主要有：

（1）阶段分类法。即按分类对象的发展阶段进行划分。如按照基本建设阶段，工程建设可以分为决策阶段、设计阶段、交易（发承包）阶段、施工阶段、竣工阶段、运维阶段等。对应不同阶段既有不同的管理体系。

（2）层次分类法。即按分类对象的管理权限、作用、范围进行划分。如标准有国际标准、国家标准、行业标准、地方标准和企业标准等。

（3）性质分类法。即按分类对象的性质或属性进行划分。如标准可以分成强制性标准和推荐性标准，工程定额分为工期定额、劳动定额、工程计价定额等。

（4）内容分类法。即按分类对象的具体内容进行划分。如预算定额包括房屋建筑工程、建筑安装工程、市政工程、园林工程等。

4.1.2 工程造价管理体系的涵义

工程造价管理体系是指规范建设项目的工程造价管理的法律法规、标准、定额、信息等相互联系且可以进行科学划分的一个整体。广义上看，工程造价管理体系也应包括工程造价管理的组织体系，因我国工程造价管理体制一直处于改革和调整之中，对工程造价管理体系的研究，一般多从工程造价管理的技术体系和知识体系进行，据此，我国的工程造价管理体系范围包括工程造价管理的相关法律法规、管理标准、计价定额和计价信息等。

4.1.3 工程造价管理体系的建设目的

研究并制订工程造价管理体系的目的是指导我国工程造价管理的法制建设和制度设计，依法进行建设项目的工程造价管理与监督，规范建设项目投资估算、设计概算、工程量清单、招标控制价和工程结算等各类工程计价文件的编制；明确各类工程造价相关法律、法规、标准、定额、信息的作用、表现形式以及体系框架，避免各类工程计价依据之间不协调、不配套、甚至互相重复和矛盾的现象。最终，通过建立我国工程造价管理体系，提高我国建设工程造价管理的水平，打造具有中国特色和国际影响力的工程造价管理体系。

4.1.4 工程造价管理体系的总体架构

1. 工程造价管理体系划分原则

工程造价管理体系的划分主要是依据工程造价管理的概念、涵义，学科体系和工作任务。从对工程造价管理的定义和学科特点看，工程造价管理涉及法律、管理、工程技术、经济和信息技术等多学科，因此其体系也将是复杂和庞大的。因此，它包括工程造价管理的法律法规体系、组织管理体系、技术体系和经济体系，工程造价管理体系中组织管理体系是受上层建筑和机构设置、现状等多因素所影响的，这方面大多难以在技术层面展开研究，属于行政管理制度的设计，在进行技术体系研究时，一般均不作研究。

2. 工程造价管理体系的总体架构及内容

从工程造价管理的任务来看，是工程造价的计划、确定、控制、分析、评估等，目前，它的核心工作仍然是工程造价的确定与控制，从工作手段上是为社会所熟知的我们沿用了 50 余年的工程计价定额，但是工程造价管理的前提是工程造价管理的法律法规，其最核心的内容是工程造价确定与控制所使用的工程计价依据。

工程造价管理体系是工程造价管理的总体系统框架，通过对工程造价管理体系划分依据的分析可知，工程造价管理的技术体系应包括工程造价管理的法律法规、工程造价管理的标准、工程计价定额和工程计价信息等四个部分，而这四个部分又有各自的庞大内容，因此工程造价管理划分成工程造价管理的法规体系、工程造价管理的标准体系、工程计价定额体系以及工程计价信息体系四大子体系。工程造价管理体系总体框架图见图4-1。

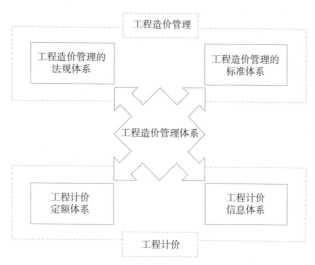

图4-1 工程造价管理体系总体框架图

3. 工程造价管理体系的内在关系

从工程造价管理体系的总体架构看，前两项（工程造价管理的法律法规体系、工程造价管理的标准体系）属工程造价宏观管理的范畴，后两项（工程计价定额体系、工程计价信息体系）定义用的是工程计价，属于工程造价微观管理的范畴。前两项是以工程造价管理或基本建设管理、工程管理为目的的，需要有法规和行政授权加以支撑，这也是一个法治国家应该加强的宏观管理制度，是工程造价管理改革应重点加强的；后两项服务于微观工程计价业务，在市场化的体制下，要实现市场竞争形成工程造价，就应该逐步放给市场。

工程造价管理体系内法律法规体系是位于整个工程造价管理体系最上层的制度依据，对其他要素（包括工程造价管理标准体系、工程计价定额体系以及工程计价信息体系）起到约束和指导作用。工程造价管理标准体系则是整个工程造价管理体系技术上的核心内容，是工程计价定额体系以及工程计价信息体系的规范管理与科学发展基础。工程计价定额体系则通过提供全国、行业、地方定额的参考性依据和数据，指导企业定额编制，起到其规范管理和科学计价的作用。工程计价信息体系是保障各个要素间信息传递以及成果形成的主要支撑，是工程计价依据能够有效实施的保障，通过信息的及时更新有利于工程造价活动各个层面的具体操作。

4. 工程造价管理体系建设要求

工程造价管理体系中的工程造价管理的标准体系、工程计价定额体系和工程计价信息体系，又是当前我国工程造价管理机构最主要的工作内容，也是工程计价的主要依据，有时又将工程造价管理的标准体系、工程计价定额体系和工程计价信息体系称为工程计价依据体系，是我国工程计价依据体系建设与公共服务的重要内容。

工程造价管理体系并非是一成不变的，即使对一个国家来说，也只是存在相对稳定，特别是，我国仍然处于社会主义市场经济体制的改革发展时期，与经济体制改革密切相关的基本建设管理体制或投资管理改革还处在一个逐步完善的过程，其核心是管理主体和工程价格的改革，在市场经济体制、基本建设管理体制调整过程中，我国的工程造价管理体制应不断适应其发展需要进行完善、调整与发展。2014 年中国建设工程造价管理协会负责人在出席亚洲和太平洋地区第 18 届年会时指出：一个专业要发展的前提，一是要有能够服务于社会，被社会认同和接受的完善知识结构，并为社会创造价值。二是要有支撑行业发展要求的法律法规、技术标准和核心技术内容。中国的造价工作者应进行不懈的努力，打造一个与北美工程造价管理体系、英联邦工料测量体系比肩，同时具有国际影响力的中国工程造价管理体系。

4.2 工程造价管理法规体系

工程造价管理的法规体系主要包括工程造价管理的法律、法规和规范性文件。其中，法规体系的重点是两个方面：一是宏观工程造价管理的相关制度，二是围绕工程造价行业管理的相关制度。在工程造价管理法规体系建设方面，应逐步建立包括国家法律、地方法规规章和部门规章及其他规范性文件在内的多层次法律法规体系。工程造价管理法律法规体系图见图 4-2。

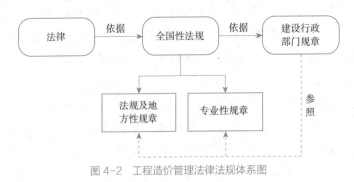

图 4-2 工程造价管理法律法规体系图

4.2.1 法律

我国的法律是由全国人民代表大会制定，并由国家强制力保证实施，以规定当事人权利和义务为内容，对全体社会成员具有普遍约束力的一种特殊行为规范。与工程造价管理直接相关的法律包括《中华人民共和国建筑法》《中华人民共和国民法典》《中华人民共和国招标投标法》《中华人民共和国价格法》等。上述法律决定了我国的基本建设管理制度，也涵盖了工程造价管理的主要内容、管理原则和相关制度要求，也是工程造价管理方面建立行政法规和部门规章的前提。

1.《建筑法》中的相关规定

《建筑法》中工程造价管理相关的内容包括建筑许可、工程发包与承包、工程监理、安全生产管理、质量管理和相关的法律责任等；范围涉及各类房屋建筑及其设施的新建、改建以及线路、管道、设备的安装活动，还包括建设单位、勘察设计单位、施工企业、监理单位、建设行政管理机关和从事建筑活动的个人的行为。其中承发包价格和工程款的支付是工程造价管理的重要部分。《建筑法》第十八条规定，"建筑工程造价应当按照国家有关规定，由发包单位与承包单位在合同中约定。公开招标发包的，其造价的约定，须遵守招标投标法律的规定"。"发包单位应当按照合同规定支付工程价款"。这为工程造价管理中的承发包价格和工程款的支付管理提供了基本的依据；对于工程造价管理的参与主体，《建筑法》分别从建筑工程发包、承包、监理等方面作了重要规定，严格发包过程中的招标投标以及合同管理，明确承包商的资质要求与分包行为要求，并提出大力推行建设工程监理制度，引入建设工程活动的第三方约束。过程管理方面，主要从施工许可、勘察设计、施工合同以及保修阶段几个重点部分提高要求、明确责任。要素管理方面，注重建设工程质量管理、安全生产管理，保证建设工程实施的控制效果。另外，《建筑法》关于法律责任的条款，为从事工程建设的参与各方明确了责任边界，并为工程建设过程管理提供了依据。

2.《民法典》中的相关规定

《民法典》于2020年5月28日第十三届全国人民代表大会第三次会议通过，自2021年1月1日起施行，《中华人民共和国民法通则》《中华人民共和国民法总则》《中华人民共和国合同法》同时废止。《民法典》的发布是中国法律史上有重大意义的大事件，它是一项系统的、重大的立法工程，是第一部以法典命名的法律，在法律体系中居于基础性地位，是市场经济的基本法，也是完善社会主义制度、推进国家治理体系和治理能力现代化的重要标志。《民法典》共7编、1260条，各编依次为总则、物权、合同、人格权、婚姻家庭、继承、侵权责任，以及附则。

《民法典》总则部分主要规定了民事主体、民事权利、民事法律行为和代理、民事责任、诉讼时效和期间的计算等法律关系，是依法规范民事法律行为的基础。

《民法典》的第三编为合同，它涵盖了原合同法的全部内容。《民法典》合同编的前身系《中华人民共和国合同法》，该法于1999年3月15日由中华人民共和国第九届全国人民代表大会第二次会议通过，自1999年10月1日起施行。在合同法立法之前，我国适用的是《中华人民共和国经济合同法》《中华人民共和国涉外经济合同法》《中华人民共和国技术合同法》三部与经济活动有关的法律，《合同法》颁布后，全部覆盖了其内容，因此同时进行了废止。

《民法典》合同编第一分编为通则，规定了合同的订立、效力、履行、保全、转让、终止、违约责任等一般性规则，并在原合同法的基础上，完善了合同总则制度。第二分编为典型合同，典型合同在市场经济活动和社会生活中应用普遍。分买卖合同，赠与合同，借款合同，租赁合同，供用电、水、气、热力合同，融资租赁合同，承揽合同，建设工程合同，运输合同，技术合同，保管合同，仓储合同，委托合同，行纪合同，居间合同，保证合同，保理合同，物业服务合同，合伙合同共 19 个类型进行了分述。

《民法典》合同编第二分编的第十八章为建设工程合同。建设工程合同是承包人进行工程建设，发包人支付价款的合同。《民法典》明确了建设工程合同包括工程勘察、设计、施工合同等主要内容。

合同管理是进行有效工程造价管理的重要前提，《民法典》合同编有诸多合同管理的具体要求和合同价款管理的有关内容，造价工程师应全面掌握《民法典》合同编的主要内容，关注法律对签订合同的原则要求，合同订立的形式、程序，合同的效力，合同的履行、变更、转让，合同的权利、义务和违约责任，纠纷的解决方式等，并应重点把握《民法典》合同编对建设工程合同的有关要求等。

3.《招标投标法》中的相关规定

《招标投标法》规范了建设工程招标投标过程各环节的主要活动，对工程造价起到直接和间接的影响。对于投标阶段，第三十三条规定"投标人不得以低于成本的报价竞标"，旨在维护招标投标市场的健康发展；第九条规定"进行招标项目的相应资金或者资金来源已经落实"，以防止承包商之间的恶意竞标以及招标方要求承包方垫资承包等有碍公平竞争的现象。对于评标阶段，第三十七条规定"在评标委员会中，技术、经济方面的专家不得少于成员总数的三分之二"，以提高招标投标项目技术上的可行性与经济上的合理性，确保项目的投资效益；在保证招标投标价格合理确定、促进有效市场竞争性方面，第四十三条规定"在确定中标人前，招标投标双方不得就投标价格、投标方案等实质性内容进行谈判"；合理选择中标人方面，第四十一条规定"中标人应当能够最大限度地满足招标文件中规定的各项综合评价标准，或能够实质性响应招标文件并经评审的投标价格最低，但不得低于成本"。《招标投标法》对于招标投标各阶段工作的规范与调整，明确了招标投标双方的权利和义务，提供了招标投标活动的操作原则。对于保证招标投标活动公平合理、实现有效竞争以及加强工程造价的合理确定和有效控制等方面都有着重要意义。

4.《价格法》中的相关规定

《价格法》是调整价格行为的法律，内容包括经营者的价格行为、政府的定价行为、价格总水平调控、价格监督检查等。建设工程造价的确定，一个重要的方面就是依据市场的价格体系形成。同一般的商品或服务一样，建设工程的造价也应当遵从《价格法》的规定。《价格法》第二条就规定"本法所称价格包括商品价格和服务价格。

商品价格是指各类有形产品和无形资产的价格。服务价格是指各类有偿服务的收费"。明确了建设工程造价管理中的工程商品的价格确定以及工程咨询的服务费用的确定都应当以《价格法》为依据。对于工程建设所发生的承发包定价以及委托监理等发生的委托合同价格确定的依据,《价格法》第八条规定"经营者定价的基本依据是生产经营成本和市场供求状况",第九条规定"经营者应当努力改进生产经营管理,降低生产经营成本,为消费者提供价格合理的商品和服务,并在市场竞争中获取合法利润"。建设工程造价的确定应当以建设实施过程的生产经营成本为依据,结合建筑市场的供需状况,加上合理的竞争利润形成。

4.2.2 行政法规

行政法规是国务院为领导和管理国家各项行政工作,根据宪法和法律,并且按照《行政法规制定程序条例》的规定而制定的政治、经济、教育、科技、文化、外事等各类法规的总称。行政法规的制定主体是国务院,其根据法律的授权,经过法定程序制定,具有法的效力,它一般以条例、办法、实施细则、规定等形式发布。行政法规的效力次于法律、高于部门规章和地方法规。针对工程造价管理的专门性行政法规还是空白状态,这也是我国建立法治型政府和市场经济体制各级工程造价管理者应不懈努力的。目前,与工程造价管理相关的法规主要有《招标投标法实施条例》《建设工程勘察设计管理条例》《建设工程质量管理条例》《建设工程安全管理条例》,以及各类税法实施细则等相关法规。

从工程造价在工程管理中的作用看,工程造价是工程建设各方关注的焦点,对工程建设的各要素发挥着重大的制约作用。因此,从工程造价管理的立法规划上,有必要单独制定与质量管理条例、安全管理条例具有同样地位的工程造价管理条例,把工程造价管理的主体、原则、内容和相关制度通过行政法规加以明确。

4.2.3 部门规章

部门规章是国务院各部门、各委员会等根据法律和行政法规的规定和国务院的决定,在本部门的权限范围内制定和发布的调整本部门范围内的行政管理关系的命令、指示和规章等。部门规章一样要经过法定程序,并不得与宪法、法律和行政法规相抵触,更具体、更具操作性。目前,工程造价管理方面已经制定了《建筑工程施工承发包计价管理办法》《工程造价咨询资质管理办法》《造价工程师注册管理办法》《造价工程师职业资格制度规定》《建设工程定额管理办法》等规范性文件。

上述部门规章决定了造价工程师执业资格制度、工程造价咨询资质管理制度、工程量清单计价制度、国有投资项目招标控制价制度、工程结算审查和备案制度、工程造价鉴定制度、工程造价纠纷调解制度等,为工程造价咨询业的稳定发展和拓宽服务范围营造了法律依据。除上述部令外,住房和城乡建设部还联合财政部制定了《建设工程价款结算暂行办法》《建筑安装工程项目与费用组成》等规范性文件，并围绕资质、资格管理，定额、信息管理制定了一些管理办法。

此外，铁道、交通、电力、水利等国务院相关专业工程建设部门亦应依据国家的法律法规和建设行政主管部门的行业规章，完善自身业务管理范围内的行业规章，编制相应的建设工程造价管理办法等。

4.2.4　地方法规、规章和规范性文件

地方立法是指由省、自治区、直辖市人民代表大会及其常务委员会依法制定并颁布的法规，以及省、自治区、直辖市及省会城市和经国务院批准的较大城市的人民政府颁布的规章。目前，各地依据国家的法律法规和建设行政主管部门的行业规章，为完善其行政区域内的地方法规和规章，大多制定了相应的建设工程造价管理条例或建设工程造价管理办法。

除此之外，我国地方工程造价管理部门还根据国家政策法规调整、市场环境调整，不定期发布规范计量计价行为的有关要素价格、费率、计价方法等调整和规范的文件，用于指导工程计价活动。如《关于计取市政基础设施建设工程扬尘防治措施费的通知》《关于调整建设工程安全文明施工费管理工作的通知》等，这些文件具体影响着工程价格的形成，对于造价工程师的微观计价活动至关重要。

4.3　工程造价管理标准体系

4.3.1　工程造价标准体系的定义与分类

1. 工程造价管理标准体系的定义

工程造价管理标准体系泛指除应以法律、法规进行管理和规范的内容外，应以国家标准、行业标准进行规范的工程管理和工程造价咨询行为、质量的有关技术内容。

2. 工程造价管理标准体系的划分

工程造价管理的标准体系按照管理性质可分为：统一工程造价管理基本术语、费用构成等的基础标准；规范工程造价管理行为、项目划分和工程量计算规则等的管理规范；规范各类工程造价成果文件编制的业务操作规程；规范工程造价咨询质量和档案的质量标准；规范工程造价指数发布及信息交换的信息标准等。工程造价管理标准体系的划分图如图4-3所示。

4.3.2　基础标准

1. 工程造价术语标准

《工程造价术语标准》GB/T 50875—2013 于 2013 年颁布，该标准是工程造价管理最基础的标准，目的是统一和规范工程造价术语，也是规范大家对工程造价、工程计

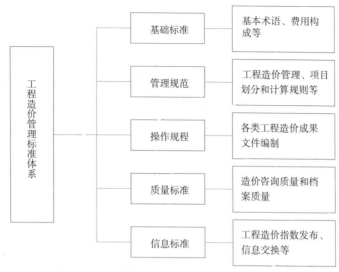

图 4-3 工程造价管理标准体系划分图

价、工程造价管理等基本认识的重要基础。工程造价管理中很多问题认识上不统一的归因，往往是对基本概念上的认识不一致。因此，工程造价术语标准的编制，不仅是对工程造价及其相关术语的定义，也是规范工程造价管理的重要基础。

2.建设工程计价设备材料划分标准

《建设工程计价设备材料划分标准》GB/T 50531—2009 是针对工程计价中的设备材料的划分而制定，以规范设备购置费、建筑安装工程费的分类，同时为工程造价文件编制时计算税金提供重要参考或依据。该标准已于 2009 年颁布实施。

3.建筑安装工程费用项目组成

建设工程的费用构成和分类是工程计价最重要的基础工作，目前，我国建筑安装工程费用项目组成仍以规范性文件《建筑安装工程费用项目组成》的形式来发布，执行的是 2013 年住房和城乡建设部、财政部联合发布的 [建标 44 号文]，该费用项目组成的前身是 2003 年建设部、财政部联合发布的 [建标 206 号文]，再上一版是建设部、中国人民建设银行《关于调整建筑安装工程费用项目组成的若干规定》（建标 [1993] 894 号）。由此可见，《建筑安装工程费用项目组成》是计算建筑安装工程费的最主要依据。

目前，《建筑安装工程费用项目组成》还仅定位为划分和计算建筑安装工程费的基础文件，并得到了社会的普遍认同。但是，从本质上讲它仍是一个基础性的技术性标准，且未完全涵盖整个工程造价，因此非常有必要制定权威性的《建设工程造价费用构成通则》，目的是以标准的形式规范工程造价中各类费用的构成及其含义、基本计算方法等，并以通则的形式对各类工程费用构成加以明确和规定，形成完善、清晰的工程造价构成项目划分和费用内容，目前有关单位正在开展这方面的基础工作。

4.3.3 管理规范

1.建设工程工程量清单计价规范

2003 年我国颁布了《建设工程工程量清单计价规范》GB 50500，目的是针对市场化发展的要求，推行工程量清单计价，规范工程量清单计价文件的编制。但是，2008年版以后该规范已经不再是单一的工程量清单计价规范。其不仅涵盖了工程计价的主要内容，还包括了合同管理与工程计价的大部分内容，大大超出了名称所限，因此有必要在其基础上综合成为建设工程计价规范，以统一工程计价的原则、计价方法和基本要求等，同时，也有必要扩展其适用工程总承包、专业工程分包等方面的内容。

2.建设工程造价咨询规范

为满足规范工程造价咨询业务需要，2015 年我国颁布《建设工程造价咨询规范》GB/T 51095，目的是统一工程造价咨询管理的原则要求，以及工程造价咨询活动的内容、项目管理和组织要求，各类成果文件的深度要求、表现形式等内容。

3.建筑工程建筑面积计算规范

《建筑工程建筑面积计算规范》GB/T 50353 是第一部以国家标准的形式来表现的工程造价管理标准，最早于 2005 年批准发布，是对 1982 年修订的 1970 年发布的《建筑面积计算规则》的再修订，并以国家标准形式表现。该规范本质上属于工程量计算规则的一部分，该规范是可以纳入全国统一的工程量计算规则的，但考虑其广泛适用性及历史原因，目前单独成册。

4.建设工程工程量计算规范

2013 年在《建设工程工程量清单计价规范》修订时将工程量计算部分单独成册，形成了《房屋建筑与装饰工程工程量计算规范》GB 50854、《仿古建筑工程工程量计算规范》GB 50855、《通用安装工程工程量计算规范》GB 50856、《市政工程工程量计算规范》GB 50857、《园林绿化工程工程量计算规范》GB 50858、《矿山工程工程量计算规范》GB 50859、《构筑物工程工程量计算规范》GB 50860、《城市轨道交通工程工程量计算规范》GB 50861、《爆破工程工程量计算规范》GB 50862 共 9 册工程量计算规范。除此之外，我国还于 2007 年单独出版了《水利工程工程量清单计价规范》GB 50501，该规范适用于水利枢纽、水利发电、引（调）水、供水、灌溉、河湖整治、堤防等建设工程的招标投标工程量清单编制和计价活动，其附录包括了水利建筑工程工程量清单项目及计算规则。

4.3.4 操作规程

2007 年开始，中国建设工程造价管理协会陆续发布更为详细的各类成果文件编审的操作规程，主要有以下几个。

1.《建设项目投资估算编审规程》

《建设项目投资估算编审规程》主要是用于规范建设项目投资估算的成果文件编制和审查要求，该规程已于2007年以中国建设工程造价管理协会标准（CECA/GC-1）的形式试行，并于2015年再版更新。

2.《建设项目设计概算编审规程》

《建设项目设计概算编审规程》主要是用于规范建设工程设计概算的成果文件编制和审查要求，该规程已于2007年以中国建设工程造价管理协会标准（CECA/GC-2）的形式试行，并于2015年再版更新。

3.《建设工程施工图预算编审规程》

《建设工程施工图预算编审规程》主要是用于规范建设工程施工图预算的成果文件编制和审查要求，该规程已于2010年以中国建设工程造价管理协会标准（CECA/GC-5）的形式试行。

4.《建设工程结算编审规程》

《建设工程结算编审规程》主要是用于规范建设工程结算的成果文件编制和审查要求，该规程已于2007年以中国建设工程造价管理协会标准（CECA/GC-3）的形式试行，2010年又进行了系统修订。2014年，该规程又列入了国家标准编制计划，并于2017年向社会征求意见，现已基本完成全部工作。

5.《建设项目竣工决算编审规程》

《建设项目竣工决算编审规程》主要是用于规范建设工程竣工决算的成果文件编制和审查要求，该规程已于2013年以中国建设工程造价管理协会标准（CECA/GC-9）的形式试行。

6.《建设工程招标控制价编审规程》

《建设工程招标控制价编审规程》是为了配合《建设工程工程量清单计价规范》的落地实施，主要用于规范建设工程招标控制价的成果文件编制和审查要求，该规程已于2013年以中国建设工程造价管理协会标准（CECA/GC-6）的形式试行。

7.《建设工程造价鉴定操作规程》

《建设工程造价鉴定操作规程》主要用于规范建设工程造价鉴定的成果文件编制和审查要求，该规程已于2013年以中国建设工程造价管理协会标准（CECA/GC-8）的形式试行。该标准于2014年纳入了国家标准编制计划，并于2017年颁布，更名为《建设工程造价鉴定规范》，编号为GB/T 51262，但本质上仍属于业务操作规程层面。

8.《建设项目全过程造价咨询规程》

为了推进和规范建设项目全过程造价咨询，2009年中国建设工程造价管理协会以协会标准发布了《建设项目全过程造价咨询规程》，编号为CECA/GC-4，该规程于2017年进行了系统修订，这也是我国最早发布的涉及建设项目全过程工程咨询的标准之一。

4.3.5 质量管理标准

2013 年中国建设工程造价管理协会发布《建设工程造价咨询成果文件质量标准》CECA/GC-7。该标准编制的目的是对工程造价咨询成果文件和过程文件的组成、表现形式、质量管理要素、成果质量标准等进行规范。

4.3.6 信息管理规范

1.《建设工程人工材料设备机械数据标准》

《建设工程人工材料设备机械数据标准》制定的目的是为了便于信息检索和信息积累，统一建筑安装工程人材机的分类和数据表示，该标准已于 2013 年开始实施，编号为 GB/T 50851。

2.《建设工程造价指标指数分类与测算标准》

《建设工程造价指标指数分类与测算标准》制定的目的是为了规范建设工程造价指标指数分类与测算方法，提高建设工程造价指标指数在宏观决策、行业监管中的指导作用，更好地服务建设各方主体。该标准已于 2018 年 7 月 1 日开始实施，编号为 GB/T 51290。

根据《中华人民共和国标准化法》，我国的标准包括国家标准、行业标准和地方标准，以及企业标准。从标准的类别看，工程造价管理的相关标准均是工程建设标准，上述标准可以国家标准的形式表现，也可以住房和城乡建设部发布行业标准的形式表现，亦可以中国建设工程造价管理协会作为行业自律标准的形式来表示。工程造价管理标准是市场经济体制下工程造价管理的核心内容，政府部门要改变签发"红头文件"的做法，凡是不属于必须以法律、法规管理的技术内容，均应以国家标准、行业（协会）标准的形式来发布。我国工程造价管理标准大多属于技术要求，如术语、项目划分、计算规则等，从工程建设标准的属性看应以推荐性标准形式发布，其他的规范工程造价咨询成果文件、数据格式等技术要求可以行业标准或协会标准形式发布，最终逐渐形成完善的具有中国特色的工程造价管理标准体系。

4.4 工程计价定额体系

4.4.1 工程计价定额体系的定义与分类

1. 工程定额概述

工程建设是物质资料的生产活动，需要消耗大量的人力、物力、财力。为了生产的科学管理，需要规定和计划这些消耗量，这便产生了定额。定额就是规定的额度，或称数量标准。工程定额一般是指在一定的生产力水平下，在工程建设中单位产品上人工、材料、机械消耗的额度。此外，为了便于进行工期管理还有工期定额。

工程计价定额是指工程定额中直接用于工程计价的定额或指标，包括预算定额、概算定额、概算指标和投资估算指标等。不同的计价定额用于建设项目的不同阶段作为确定和计算工程造价的依据。

尽管工程定额在我国工程造价管理中发挥着重要的作用，定额也是工业化背景下产生的，是科学管理的基础，但是我们也必须清醒地看到定额的主要作用仍然是施工企业成本管理的基础。在市场经济体制下，任何机构将其作为工程交易依据，确定或影响工程交易价格，都是有悖于市场经济的基本原则的，这是必须进行改革的。与此同时，传统的定额编制方法中的平均、综合、步距划分、幅度差等概念也不符合数字化背景下的大数据思维，企业定额的编制与数据积累需要与时俱进。

2. 工程计价定额体系

工程计价定额体系泛指国家、行业或地方发布的能够规定和计划人工、材料、机械台班消耗量，可以直接进行工程计价的有关计价依据。工程计价定额已经成为独具中国特色的中国工程计价依据的核心内容，庞大的工程计价定额体系也是我国工程管理的宝贵财富。同时，工程计价定额也是科学计价的最基础资料，无论采用何种计价方式，工程的成本管理均离不开定额在工料计划与组织方面的基础性作用。工程计价定额必须始终满足三个基本要求：一是满足工程（该工程可能是单项工程、单位工程、分部工程或分项工程）单价的确定；二是该工程单价依据计价定额的编制期与工程建设期的不同可进行调整；三是要准确反映人工、材料（特别是主要材料）、施工机械的消耗量。

3. 工程计价定额体系的划分

我国的工程计价定额体系依据建设工程的阶段不同，纵向划分为估算指标、概算定额和预算定额，按照建设项目的性质不同又分为全国统一的房屋建筑及市政工程、通用安装工程计价定额，此外还包括铁路、公路、冶金、建材等各专业工程计价定额，地方的房屋建筑及市政工程、通用安装工程计价定额。工程计价定额体系划分图见图4-4。

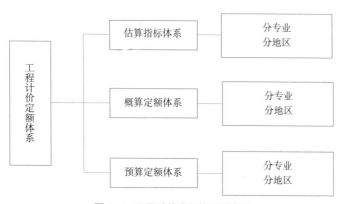

图4-4 工程计价定额体系划分图

4.4.2　估算指标体系

建设项目投资估算指标是以整个建设项目、单项工程、单位工程为对象编制的工程价格标准，尽管投资估算指标反映的是一个规定项目（整个建设项目、单项工程、单位工程和主要分部分项工程）的工程价格或综合单价，但是投资估算指标主要材料的消耗量和工程材料及人工单价仍是投资估算指标的核心内容。

建设项目投资估算指标一般包括建设项目综合指标、单项工程综合指标和单位工程指标，为了增加投资估算指标的实用性和时效性，在单位工程投资估算时应尽可能地反映主要材料的消耗量和单价，同时对投资较大的单位工程应进一步细化到主要分部分项工程。

建设项目投资估算指标是编制建设项目建议书、可行性研究报告等前期工作阶段投资估算的依据，也可以作为编制建设项目投资计划、进行建设项目经济评价的重要基础。

我国的建设项目投资估算指标分别为各地区工程造价管理机构发布的建筑工程、市政工程等的投资估算指标，以及各专业部门工程造价管理机构发布的专业工程投资估算指标。

4.4.3　概算定额体系

概算定额，是在预算定额基础上，确定完成合格的单位综合（或扩大）分部分项工程所需消耗的人工、材料和机械台班的数量标准。它与预算定额的不同在于其计量单位，该计量单位扩大到一个分部分项工程或综合数个分项工程。因此，概算定额是预算定额的合并与扩大。它将预算定额中有联系的若干个分项工程项目综合为一个概算定额项目。概算定额主要用于编制工程设计概算。它是确定和判断初步设计或扩大初步设计是否经济合理，进行初步设计优化的重要手段。

概算指标是概算定额的扩大与合并，它以综合的分部分项工程或一个单位工程为对象作为基础进行编制，并且它多以综合单价的形式来体现。它一般是在概算定额和预算定额的基础上编制，比概算定额更加综合扩大。一方面它可以快速完成工程概算的编制，便于初步设计方案的比选，另一方面也可以补充因采用新技术、新材料、新工艺等因素造成概算定额项目不足而便于工程概算编制。

我国的建设项目工程设计概算定额（指标）分别为各地区工程造价管理机构发布的建筑工程、市政工程等的概算定额（指标），以及各专业部门工程造价管理机构发布的专业工程概算定额（指标）。

4.4.4　预算定额体系

预算定额是工程建设中一项重要的技术经济文件，它强调完成规定计量单位并符合设计标准和施工及验收规范要求的分项工程人工、材料、机械台班的消耗量标准。

该消耗量受一定的技术进步和经济发展的制约，在一定时期内是相对稳定的。预算定额以消耗量为核心，反映合理的施工组织设计、正常施工条件下，生产一个规定计量单位合格产品所需的人工、材料和机械台班的社会平均消耗量标准，该计量单位一般以一个分项工程或一个分部工程为对象。预算定额的消耗量与构成预算定额的人工、材料、机械台班的价格构成预算定额单价，为了管理和计价方便，在预算定额发布的同时，编制人工、材料、机械台班的预算单价，构成预算定额单价。

预算定额是编制施工图预算的基础。施工图预算不仅是判断设计是否合理、进行优化设计和工程造价控制的重要方法，同时也是确定建筑安装工程承发包价格的重要参考，还是进行工程分包、编制施工组织设计、处理工程经济纠纷、进行工程结算以及初审等的参考依据。

我国的建设工程设计预算定额分别为各地区工程造价管理机构发布的建筑工程、市政工程等的预算，以及各专业部门工程造价管理机构发布的专业工程预算定额。

4.5　工程计价信息体系

4.5.1　工程计价信息体系的定义与分类

1. 工程计价信息体系的定义

工程计价信息体系是指国家、各地区、各部门工程造价管理机构、行业组织以及信息服务企业发布的指导或服务建设工程计价的工程造价指数、指标、要素价格信息、典型工程数据库（典型工程案例）等。

2. 工程计价信息体系的划分

工程计价信息体系具体包括：建设工程造价指数，建设工程人工、设备、材料、施工机械等价格要素的价格信息，综合指标信息等。工程计价信息体系图如图 4-5 所示。

4.5.2　建设工程造价指数

建设工程造价指数包括：国家或地方的房屋建筑工程、市政工程造价指数，以及各行业的各专业工程造价指数。

4.5.3　建设工程要素价格信息

建设工程要素价格信息包括：建筑安装工程人工价格信息、材料价格信息、施工机械租赁价格信息、建设工程设备价格信息等。

4.5.4　建设工程综合指标信息

建设工程综合指标信息包括：建设项目综合造价指标、单项工程综合指标、单位工程指标、扩大分部分项工程指标和分部分项工程指标。建设工程综合指标信息可以

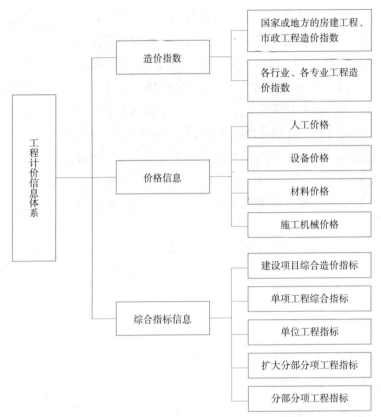

图4-5　工程计价信息体系图

以平均的综合指标表示，也可以以典型工程形式表示。

多年来，我国过于依赖政府发布的工程计价定额和工程计价信息用于工程计价，对工程计价信息体系，特别是工程造价数据库建设缺乏动力，企业的数据建设非常薄弱，工程计价信息的建设需要坚持以下基本要求：

一是坚持问题导向，系统建设工程造价指标。多年来，工程计价的数据建设一直比较零散、孤立，除设备、材料价格服务外均未形成规模，大多缺乏实际意义的商业化应用。其主要原因是：①我国工程计价工作长期以来依靠政府供给的定额，以其"权威性"，不问究竟，直接使用；②房地产业开发的市场化项目尽管重视指标积累，但强调交易指标居多，没有形成指标体系，且规则不同，自身又缺乏数据标准和数据分析技术，造成工程造价数据孤立存在，使用背景不清晰，难以产生价值。

二是促进互联网、人工智能、大数据、区块链等数字技术在工程建设领域的应用。工程造价管理要适应平台经济、数字经济、共享经济的发展要求，实现工程造价咨询业务的在线化，工程咨询成果的数字化、标准化和资源化。应按照在大数据、人工智能的技术发展要求，高质量、可持续的原则，来进行工程造价数据建设最基础标准的研究与制定，使工程造价的数据产生、积累、分析、应用形成数据闭环，进而持续优化和自动积累。

三是加强典型工程数据库建设，用大数据技术自动进行指标计算，形成自成长知识库。工程造价的指标和数据缺乏数据背景，其价值和应用将大打折扣。传统的工程指标分析，大多局限于估算指标、概算指标、交易指标，直接对应工程计价的使用要求。在大数据时代，这是远远不够的，建设工程造价指标应该以个别项目为样本或研究对象，全面建立设计主要技术参数与指标、工程量指标、工料价格指标、要素消耗量指标、工程经济指标、技术经济关联性指标，形成一个完整的工程造价数据库，并建立从估价到结算，以至运维的全息数据，建立各阶段的数据逻辑关系与联系，形成可分类、可聚类的工程造价数据体系。在完善一个项目数据格式、逻辑、层次、内涵等内容的基础上，依靠大数据、人工智能、物联网技术，对接建设项目智慧工地管理系统，实时地自动建设、积累各个项目的工程造价数据库，建立起工程数据的自成长机制。

复习思考题

1. 体系的特征是什么？
2. 体系分类的方法有哪几类？
3. 阐述工程造价管理体系的四大子体系和相互关系？
4. 工程造价管理的部门规章有哪些？
5. 工程造价管理的标准体系按管理性质可以划分为哪些类别？
6. 我国目前以国家标准发布的工程量计算规范有哪些？
7. 我国工程计价定额体系是如何划分的？
8. 如何应用现代信息技术加强典型工程数据库建设？

第 5 章

发达国家的工程造价
管理概况

【教学提示】

　　本章的学习目的是，通过对美国、英国、日本工程造价管理概况的介绍，让学生了解国际上发达国家的工程造价管理模式，进而认知国际工程造价管理的模式、内容与方法等，开拓国际视野。

5.1 美国的工程造价管理简述

5.1.1 美国的工程造价管理制度

1. 工程造价管理模式

美国的建设工程项目分为政府投资项目与私人投资项目，前者由政府投资部门直接管理，受相关法律和规定的限制，以保证正确的财务核算和对政府公共资金支出的监督。后者政府不予直接干预，但对工程的技术标准、安全、社会环境影响和社会效益等通过法律、法规、技术准则和标准等加以引导或限制。

1）工程造价管理组织机构

在美国，没有管理建筑业的专设机构，也没有专门针对建筑业管理的法律。美国的建筑业实行各州自行管辖的方式，建筑业的管理主要是通过综合性法规及行业技术标准和规范来进行管理。美国政府不直接管理工程造价，一般由专业机构对工程造价进行管理，例如，美国成本工程师协会（the Association for the Advancement of Cost Engineering，简称 AACE）、美国土木工程师协会（American Society of Civil Engineers，简称 ASCE）、建筑标准协会（Construction Specifications Institute，简称 CSI）、顾问工程师协会（Association of Consulting Engineers，简称 ACE）等会通过颁布各种标准等供全社会选用，从而统一、规范市场上的造价管理规则。同时，工程造价咨询机构依据自身积累的造价数据和市场信息，协助业主和承包商对工程项目提供全过程、全方位的管理与服务。

2）工程造价的计价模式

美国的政府部门不组织制定计价依据，一些行业协会或专业组织会发布计价的管理规则或标准。用来确定工程造价的指标等，一般是由各个大型的工程咨询机构或专业组织制定。此外，美国联邦政府、州政府和地方政府也根据各自积累的工程造价资料，参考各工程咨询机构有关造价的资料，分别对各自管辖的政府工程项目制定相应的计价标准，发布工程成本指南，作为项目估算的参考。

美国工程造价有相对规范的管理流程。美国成本工程师协会（AACE）编制出版了《Total Cost Management》（简称 TCM），规范项目管理过程中实施造价管理的流程和方法，TCM 在全国范围内被广泛使用，作为工程造价管理的指南性文件。

美国的估价方法分为随机的（在推测的成本关系和统计分析的基础上）和确定的（在最后的、确定的成本关系的基础上），或是这两种方法的结合。随机的方法经常被称为参数估价，确定的方法称为详细单位成本或行式项目估算。业主的工程计价主要集中在前期和设计阶段，采用的估价方法一般为参数法。承包商则集中于项目实施期，一般采用详细单位成本或行式项目估算。

3）政府投资项目的造价管理

美国政府对于政府投资项目和私人投资项目采取不同的管理方式。对政府的投资项目则采用两种方式：一是由政府设立专门机构对工程进行直接管理；美国各地方政府、州政府、联邦政府都设有相应的管理机构，专门负责管理政府的建设项目。二是政府通过公开招标委托承包商进行工程管理。美国法律规定所有的政府投资项目除特定情况外（涉及国防、军事机密等）都要采用公开招标。

政府投资项目的归口管理机构如能源部等也发布了《Cost Estimating Guide》等文件，对项目的造价进行全过程管理过程描述，来达到计价的可靠、精准、依据充分和综合性；美国政府问责办公室（原审计署）也发布了详细的手册《GAO Cost Estimating and Assessment Guide》，来对政府投资项目进行有效的造价管理监督。上述手册与AACE 发布的TCM 之间相互借鉴和引用，除了立足点和工程属性有所不同外，从造价管理的内容、步骤和方法上均表现为高度的一致性。

针对政府投资项目，美国政府设置了相对应的监督审查机制。从工程项目立项阶段投资估算的编制到设计阶段预算的编制，再到实施阶段的成本控制，政府主管部门一般都按照一定的程序选择和委托专业咨询机构进行全过程造价管理，同时明确各阶段控制价为考虑了 10%左右不可预见费后确定的总造价。美国政府投资项目造价的确定是建立在严格的技术标准及要求基础上的，各级政府对技术标准的制定都有严格的法规，一切按标准执行，不得违反。为加强对此项目工作的管理，各级政府部门一般会设立监督审查机构或委托中介咨询机构对变更费用进行审核。此外，美国政府投资项目的合同形式以固定价格合同为主，但同时也有多种其他类型的合同，政府投资项目的合同除了工程合同的常规内容外，还有一些规定政府部门特权的特殊条款，如政府部门有权力在认为"符合政府利益"的任何时候中止合同。最后，美国鼓励专业咨询机构对政府投资项目实施全过程造价管理，在设计阶段就对项目的全寿命周期进行严密的考虑，对设计和施工阶段使用价值工程、建筑合同文本中包括价值工程技术条款的项目进行特别奖励。

4）工程造价管理相关法律法规

美国专门的建筑法规虽然极少，但建筑活动中的各个方面都有相应的综合性法规进行规范。建筑行业技术规范与标准对建筑业的管理起着十分重要的作用。例如，在美国的技术标准和规范中，1927 年开始出版且不断更新的《统一建筑法规》（Uniform Building Code，简称 UBC），作为指南性文件，为联邦各州、市、县所使用，各地都以其为基础再结合本地实际情况对建筑业进行管理，直到 2000 年，被美国国际规范委员会发布的《国际建筑规范》（International Building Code，简称 IBC）取代。除此之外，美国与电力工程建设相关的法律法规还包括《联邦采购法》等，这些法律法规从工程承包企业、政府、合同执行及争议解决等方面给出了详细的规定。

2. 工程计价方式

1）计价的总体模式

美国没有由政府部门统一发布的工程量计算规则和工程定额，承包商需要依据自身设定的劳务费用、材料价格、设备消耗、管理费等来计算价格。同时，美国各企业有完善的合同管理体系、健全的法制体系以及完善的承包商信誉体系，企业的历史业绩和信誉是企业赖以生存的重要条件，这一点也正体现了美国建筑业的自由型价格模式的特点。

2）计价方法

随着工程的进展，美国工程造价的计价工作包括：建议书阶段的估算；可行性研究阶段的估算；初步设计估算；技术设计阶段的确定性估算；工程设计预算；投标估算；成本计划；结算和竣工决算等。

美国没有统一的工程量计算规则，所以不采用工程量清单计价方法，具体有以下计价方法。

（1）详细估算法（Detailed Estimating Method）

详细估算包括确定的工程数量和完成项目所需的一切资源，包括材料、劳动力、设备、保险、资金成本和其他开销，以及利润。完成此类估计，承包商必须有完整的合同文件。这种方法首先需要按照 WBS 结构，将项目分解成多个层级，形成工作包，落实工作任务，从而对每个估算单位分别估价。活动、任务的工作包是定义好的、可量化的，并处于监控中，以准确反映实际情况。详细的估算建立在估计所需材料、劳动时间、机械设备时间等基础上，以及以所需的开销和每个项目的成本与利润的比例基础上，并且要同时权衡成本和进度。

（2）参数估价法（Parametric Estimating Techniques）

在项目早期估价时，缺少技术数据或可交付的工程的更详细的基础数据，参数模型是一种很有用的估算工具。参数估算包括成本估算关系和功能及其他成本估算变量，例如设计参数、物理特性和成本、依赖变量等。生产能力估价和设备因素是参数估计的简单例子，但是复杂的参数模型通常涉及多个独立变量或成本驱动因素。参数估算法又分为多种类型，例如：

①成本估算模型（Cost Estimating Relationships，简称 CERs）

成本估算关系，也被称为成本估算模型，是由历史上相似的系统或者子系统的数据开发的。成本估算关系是通过与独立变量建立关系来估算特定的成本或价格的。这种关系在数学上可能是简单的（比如一个比例），也可能是一个复杂的方程。成本估算关系通常被用于概念估算和成本检查中。

②最终产品单元法（End Products Unit Method）

当有足够的已完相似工程的历史数据时，就可以使用这种方法。该方法没有考虑到规模经济、地理位置和工程时间等因素，仅是单纯用历史成本乘以建设数量而估算。

③实际尺寸法（Physical Dimension Method）

实际尺寸法用于已掌握的相似工程的工作区域或者工作量的历史数据很充足的情况下。该方法是只考虑使用已有工程的实际尺寸与新工程的实际尺寸的关系，没有考虑到规模经济、地理位置或者建设时间等因素。

④规模因子法（Capacity Factor Method）

当已完工程的容量与新工程相似，而且历史数据丰富时，可以使用这种方法。该方法使用的是已完工程与新工程之间的规模关系。描述的是规模经济，而没有考虑到地理位置和建设时间。

⑤比例或因子法（Ratio or Factor Method）

当获得相似工程和部件的历史数据时，可以使用比例或因子法，使用现有组件的成本的比例关系来预测新工程的成本。这种方法也被称为"设备因素"估算。该方法不考虑规模经济、地理位置或者工程时间。

3. 工程计价依据

美国没有由政府部门统一发布的工程量规则和工程定额，但这并不意味着美国的工程估价无章可循。在美国的工程估价体系中，有一套统一的工程分项细目划分标准（WBS），也就是工程成本编码，美国建筑标准协会（CSI）发布的工程分类和编码体系包括 Uniformat、Masterformat 以及 OmniClass 等，对工程进行分项划分，应用于大多数建筑工程和一般的承包工程。一般工程按其工艺特点细分为若干分部分项工程，给每个分部分项工程编制专用代码，以便在工程管理和成本核算中，区分建筑工程的各个分部分项工程。Uniformat 定位于全寿命周期，尤其应用于设计阶段；Matserformat 定位于工程项目实施阶段的信息、数据的组织和管理编码体系，同时提供工作成果的详细造价数据；OmniClass 定位于全寿命周期，将多个现有分类系统组合成一个统一的系统，该系统基于《建设工程信息组织 - 第 2 部分：信息分类框架》ISO 12006-2，便于与 BIM 的结合。

除了工程分类和编码体系外，关于工程计价的信息，承包企业有自己的计价依据。通过对实际项目成本信息的积累，形成各种类型工程的历史成本指标，包含工程特征和实际项目成本的描述。这些成本指标被广泛应用于企业的成本分析和投标报价中。此外，美国许多的专业协会、大型工程咨询顾问公司均会出版大量的商业出版物，美国各地政府也在对上述资料综合分析的基础上定时发布工程成本材料指南，供工程估价时选用。公开的造价信息一般是由新闻媒体、一些专业协会组织和出版社进行发布的，这部分造价信息的来源及内容大致如图5-1所示。

在多种建筑造价信息来源中，《工程新闻记录》（Engineering News Record，简称 ENR）中的造价指标是比较重要的一种。编制 ENR 造价指数的目的是为了准确地预测建筑价格，确定工程造价。ENR 指数由钢材、水泥、木材和普通劳动力四种指数组成。它分为两类，一类是建筑造价指数，另一类是房屋造价指数。美国工程造价信息

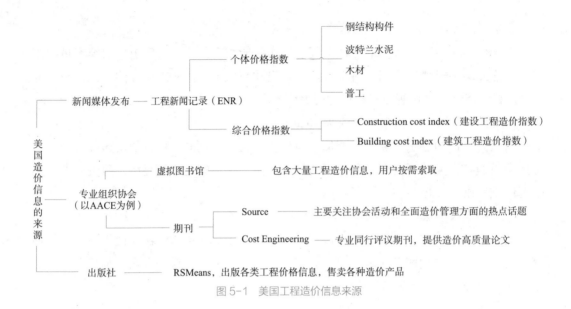

图 5-1　美国工程造价信息来源

反馈系统也较为完善，国内的各工程公司十分注意收集工程造价管理各个阶段中的工程造价资料，并把向有关部门提供造价信息资料视为一种应尽的义务，他们不仅注意收集造价资料，也派出调查人员进行实地考察，使其所获得的资料较为翔实，从而保证了造价管理的科学性。专业协会组织例如美国成本工程师协会（AACE）为其用户提供有关费用工程各方面的 6000 多种技术文章，同时发行两本期刊《Source》《Cost Engineering》，其中包含大量有关工程造价方面的信息，例如，资源价格走势、工程造价变化等。此外，有三大公司收集建筑成本数据：RSMeans、Marshall and Swift/Boeckh 和 BNI Books，其中 RSMeans 工程造价数据库积累了美国工程界半个多世纪的全真造价数据，是主流的计价参考数据库。RSMeans 每年对各类工程投资进行研究，提供全球近千个地区，包含材料、人工和设备价格的近 10 万个工程（工作）子目的造价数据。建筑专业人员可以使用 RSMeans 数据来创建预算、估算项目、验证自己的造价数据和计划正在进行的设施维护。用于工程造价的估算和详细计算，验证和比较承包商提供的造价数据，以及预测未来 3 年的工程造价。

5.1.2　美国的工程造价专业人才培养

1. 工程造价专业人才管理及保障

美国对工程造价专业人才的管理特点是"政府宏观调控，行业高度自律"。美国政府对专门职业的管理主要包括联邦和州议会立法、联邦和州政府管理、行业自律管理三个层次，而美国国会对专门职业除一些特殊职业（如评估业）外，一般不作专门的立法。基于这一特点，在美国没有主管工程造价咨询业的政府部门，这意味着造价工程师不属于美国政府注册的专业人士。另外，美国通常对工程造价咨询单位没有资质要求，而且注重对职业人员的资格认证。

美国的职业协会是完全民间性质的组织，其主要职能是建立职业标准，规范同业行为，进行继续教育，代表会员与政府沟通，组织研讨会对行业中的新问题进行讨论，为会员提供宣传出版服务等。在美国，最大的直接服务于工程造价管理全过程的组织是美国成本工程师协会（AACE），与工程造价管理密切相关的组织还有由多个学会合并后的团体，包括美国建筑师学会（AIA）、美国建筑工程管理联合会（CMAA）、项目管理学会（PMI）、美国职业估价师协会（ASPE）、成本估算与分析协会（ICEAA）等。

2. 工程造价专业人才学历教育

美国目前没有造价管理的本科专业，但有工程管理相关专业，一般都归属于工程类学院（系）、土木类学院（系）或技术类学院（系）。在美国高等教育院校中，开设的与工程造价相关的专业有：工程管理、建设工程与管理、建筑工程、工程项目管理、建筑管理科技、土木工程与建筑等。相应地，也有工程管理类的硕士学位项目，培养更高端的工程管理人才。此外，经美国工程技术评审委员会（Accreditation Board of Engineering and Technology，ABET）评估的 7 个工程造价相关专业都设在工程技术类学院（系）里，所有经过美国建筑教育协会（American Council of Construction Education，ACCE）评估的 56 个工程造价相关专业中的大部分也都设在工程技术类学院（系）里，另外也有一些设在建筑、城市规划或设计等学院（系）里。这些专业会开设工程造价管理的相关课程。一般来说，这些课程都是工程管理专业高年级的课程或选修课程。例如，造价估算、成本控制、计划、进度、项目管理、计算应用和经济学等工程、建筑技术或商务方面的课程。

1）由 ABET 评估的工程管理专业

由 ABET 评估的工程管理专业一般都隶属于工程学院，授予的是 CEM 的学士学位，由 ABET 的工程鉴定委员会（EAC）认可。由 ABET 定义的构成 CEM 课程体系的五个主要组成部分为：数学和基础理科类、工程学类、工程设计类、社会人文学科类、商业及管理类。此外，ABET 还在专业的工程性、管理性和商业性之间寻求一种平衡，其数学和理科内容与其他工程专业相类似，同时强调工程设计，CEM 课程的设置目的就是使学生适应于建筑工业的工程和管理岗位，此类专业的毕业生将成为专业的工程师。该专业的毕业生受到各类型承包商的欢迎，建筑设计公司和许多有在建项目的业主也有这一类型的人才需求。建筑毕业生可获得的职位包括：主管，项目经理，市场拓展员，现场、成本、进度、设计和安全以及质量控制工程师和业主代表。

2）由 ACCE 评估的建筑工程管理专业

ACCE 对提供非工程类建筑管理学士学位的建筑工程管理专业进行评估和批准，该专业可隶属于工程、建筑、设计、商业或技术学院。接受 ACCE 评估的工程管理相关专业的美国大学约有 40 多所。其课程分为工程技术、管理、经济等主要板块，具体课程有：建筑规划和设计、建筑结构、地基学、计算机应用、项目管理、项目估价、建筑方法、安全管理、建筑经济学、会计学及经济学；特别是在商业和管理方面，基本上是以会计学和经济学为主，侧重于对学生在管理学和经济学基础知识方面的培养。

在 AACE 评估的美国高校中，对学生实践能力的重视程度较高，建筑施工方面的具体实践课程所占比重很大，介于 30%~50% 之间；实习学分的比重也很大，最高的占全部教学课时的 36.17%，最低的也达到 9.84%。

3）美国工程造价专业课程设置的特点

（1）突出工程背景，保证所学的课程要尽量多地涉及工程建筑的各个领域。有关工程建筑方面的课程，从现场管理、合同管理、工程项目控制，一直到工程保险等，所开设的课程一应俱全。此外，其他相关课程的选修课设置也非常丰富、齐全，管理、经济、计算机软件、社会科学、法律等都有涉及。

（2）非常注重实践环节。学生拥有充足的实践机会，甚至还有到国外实习的机会，做到了在学生投入实际工作之前就完成了从学校学习到实际岗位工作的过渡。

（3）学校专业与所属行业协会联系紧密。虽然专业课程的设置和教学计划由学校自主制定，但由该专业所属的学会来评估该专业的办学质量，学会对于该专业课程和教学计划的制定具有指导性作用。此外，如果通过学会的专业评估，该专业的学生会获得进入该学会实习和短期工作的机会，优异者还会得到该学会的推荐，从而获得更多、更佳的职业机会。

（4）在商业和管理课程方面，侧重于对学生在管理学和经济学基础知识方面的培养。各院校课程虽有变化，但基本上是以会计学和经济学为主；就管理课程而言，美国许多高校都将会计学、经济学列为必修课程，并且都规定了较高的学分。

（5）美国各校非常重视培养学生的工程安全意识，许多学校开设工程建筑安全管理的课程。

3. 工程造价专业人才执业教育

从工程造价人才培养的角度看，美国实施的是官方行政上的强制注册管理和行业协会的认证（认可）制度相结合的评估体系，对专业人士和高校教育起着规范和协调的作用。整个体系如图 5-2 所示。

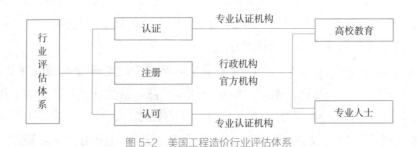

图 5-2 美国工程造价行业评估体系

其中，官方机构对高校教育和专业人士均进行注册管理，注册是一种政府通过法律对教育机构和专业人士进行规范和约束的行为，无论是高校教育或专业人士，要想从业，必须经过注册这一环节。而认证和认可是自愿的，非政府行为，它所起到的主要作用是：保证和提高高等教育的质量，保证高等教育的学术价值，避免高等教育受到政治的影响和干预，为公众的利益和需要服务。

在美国，通常不对工程咨询机构的资质进行认证，而注重对职业人员的资格认证。认证资格最多的是 AACE。AACE 的认证有成本工程师（Certified Cost Engineer，简称 CCE）和成本咨询师（Certified Cost Consultant，简称 CCC）两种。CCE 要求报考人员至少拥有 8 年的专业工作经历，并且必须具有 4 年被协会认可的工程造价专业的教育背景；而 CCC 则要求报考人员在拥有 8 年专业工作经历的基础上，只要具有 4 年与工程造价相关专业的学历背景即可，或无学历背景，但申请人的实际工作经历被协会认可，也可参加资格考试。美国造价工程师的资格考试分为两大部分：一部分是笔试，另一部分是撰写专业论文。通过这两部分的考试主要是考查申请人四个方面的能力与素质：实践能力、文化素质、理论水平、执业品德。通过资格认证，表明具有某一行业最新的知识和技能，且有丰富的经验知识来应用这些技能，能够胜任特定工作。通过认证的 CCE\CCC 主要从事专业化的造价估算和计划编制，基于全面造价管理框架（TCM）进行资产管理或项目造价控制，为特定行业的业主或承包商开展工程经济分析或造价规划和控制服务。

在美国，行业协会主要承担专业认证机构的职责。这些专业认证机构各司其职，一部分负责对专业人士进行认可，另一部分负责对教育课程进行评估认证，并保持相对独立性。例如，AACE 就是对工程造价行业专业人士进行认可的专业认证机构，而 ABET 和 ACCE 就是对高校开设的工程造价专业的课程进行认证的专业认证机构。ACCE 的课程认证组织包括理事会、认证委员会、考察小组和仲裁委员会等机构。

理事会：ACCE 下设的一个专门的管理学术教育的部门，其成员由相同人数的协会理事和教育理事组成，并且至少要有一名公共利益理事和一名行业理事。

认证委员会：ACCE 的四个执行委员会之一，它负责审阅所有的认证报告以及其他有关建筑教育课程体系的认证材料。按照 ACCE 的认证标准，经过严格考察申请认证的建筑教育课程体系，认证委员会向理事会根据不同的情况作出不同的推荐意见，可以建议其通过初步的认证、建议对其认证资料加以补充或者延长认证时间；认证委员会也可以向理事会建议拒绝对其进行认证或延缓对其认证。

考察小组：由考察小组对申请认证的建筑教育课程体系进行现场认证，小组成员由 ACCE 进行选拔，通常至少由三人组成，包括一名组长和至少两名成员，此外还可以有其他随行人员，包括在训组员和观察员。

仲裁委员会：仲裁委员会是一个特别行动小组，由 ACCE 总裁直接选择的人员构成，当有学术教育机构对认证委员会作出的认证持有异议时，可以向仲裁委员会提出申诉，仲裁委员会对这一事务进行处理。以前未曾与提出申诉的学术教育机构发生过联系，同时未在考察小组和认证委员会从事教育课程体系评估的人员都可以进入仲裁委员会。

　　4. 工程造价专业人才继续教育

　　AACE 为了保证取得 CCC/CCE 资格的人员能够跟上各自领域的发展，出台了重新认定制度。

　　1）重新认定的周期

　　任何一个 CCC/CCE 在获取了初始的认定资格后应每三年进行一次重新认定。AACE 的认定办公室会通知认定期将满的每一位 CCC/CCE 准备材料进行重新认定。每一位申请者必须确保自己及时并正确地提交了重新认定的申请。

　　2）重新认定时 CCC/CCE 应该满足的要求

　　如果申请人希望能够获得重新认定，通常可以有两种选择：

　　（1）重新考试。申请者将每三年参加一次 AACE 组织的资格认定考试（但重新认定的申请者无需提交专业论文）。

　　（2）获取相应的重新认定所需的积分。这是一种被广泛采纳的方式，申请者需要在三年内积累 15 个重新认定所需要的积分。积分的获得通常有下列方式：从事造价工程的工作；参加当地 AACE 分部组织的活动；提交和 / 或出版论文；或者可以参加学会认可的学术讨论会或授课以获取继续教育的学分。

5.2　英国的工程造价管理简述

5.2.1　英国的工程造价管理制度

　　1. 工程造价管理模式

　　英国的建设工程项目分为政府投资项目和私人投资项目，二者的工程造价管理模式不尽相同。政府投资的工程项目由财政部门依据不同类别工程的建设标准和造价标准，考虑通货膨胀等影响因素确定投资额，各部门在核定的建设规模和投资额范围内组织实施，不得突破。对于私人投资的项目，政府不进行干预，投资者一般委托造价咨询机构进行投资估算。

　　1）工程造价管理组织机构

　　英国基础设施和项目管理局（IPA），是英国政府为政府投资的基础设施和主要项目进行采购管理的机构，制定了一系列的采购标准和准则，如网关审查（Gateway review）、《通用最小化标准》、工程项目创优活动成果性文件等，规范管理流程和对可能出现的问题提出解决办法，在项目发起、管理方式选择、合同签订和项目竣工等关键阶段，通过组织调查，审查项目是否达到标准及能否产生经济效益。

英国皇家特许测量师学会（Royal Institution of Chartered Surveyors，RICS），是全球广为推崇的权威机构。RICS 的主要职责是制定行业标准，规范行业行为，为政府机构出谋划策，为会员提供专业服务，授权大学开展人才培养和促进行业发展等。无论是政府工程还是私人工程，RICS 及其工程造价咨询机构都是独立于发包人和承包商的中介组织，避免政府对工程造价的直接参与和控制。

2）工程造价的计价模式

英国的工程造价管理主要采用工料测量体系（Quantity Surveying，QS），工料测量制度是以工料测量师为主体的工程项目成本控制与商务管理制度。英国的工料测量活动内容非常广泛，包括：成本计划和控制，预算咨询，可行性研究，价格变化趋势预测；投标书分析与评价，标后谈判，合同文件准备；施工合同的选择咨询，承包商选择；工程采购、招标文件编制；施工成本控制，财务报表填写，变更成本估计；已竣工工程的估价、决算，合同索赔的保护；与基金组织的协作；成本重新估计；对承包商破产或被并购后的应对措施；应急合同的财务管理。随着测量师行业的发展，更多元化的增值服务进一步拓宽了工料测量的服务范围。工料测量开始提供设计决策的经济建议、价值工程、风险管理、合同管理及项目管理其他与经济交叉领域的服务，以软件为中心的服务新模式不可逆转地改变了成本咨询业务的工作方式，并随着新测量标准的推广使用，提供从早期成本规划到后期运营维护与设备管理的全过程成本管理服务。

计价模式方面，英国没有统一的价格定额。在英国传统的建筑工程计价模式下，一般都在投标时由业主工料测量师编制工程量清单。工程量清单的编制规则，在建筑工程方面，曾经 RICS 制定的《建筑工程工程量标准计算规则》（Standard Method of Measurement of Building Works，简称 SMM）应用最为广泛；在土木工程方面，由英国土木工程师学会编制的《土木工程工程量标准计算规则》（Civil Engineering Standard Method of Measurement，简称 CESMM）应用最为广泛。2012 年，RICS 又发布了建筑工程领域的《新测量规则》（New Rules of Measurement，简称 NRM）逐渐取代 SMM 系列，成为建筑工程计量和工程量清单编制的主流规则。其目的是为了规范工程项目成本管理的流程，将工料测量与工程采购结合起来，采用"从始至终法"保持全寿命周期的一致性。NRM 系列由三部分组成：NRM1 为项目各阶段成本估算和成本规划的指导，NRM2 为工料测量算法及编制工程量清单的要求，NRM3 为维护修缮工程的工料测量要求。从费用构成角度看，NRM2 是工程项目详细性费用构成的标准。统一的工程量计算规则为工程量的计算、计价工作及工程造价管理提供了科学化、规范化的基础。

工程量清单中的单价或价格主要采用市场价格进行计价，所以有关工程造价的信息资料对于工料测量师非常重要，在英国十分重视已完工程数据资料的积累和数据库的建设。承包商的估价师参照工程量清单进行成本要素分析，根据其以前的经验，并收集市场信息资料，分发咨询单，回收相应厂商及分包商报价，对每一分项工程都填入单价，以及单价与工程量相乘后的金额，其中包括人工、材料、机械设备、分包工程、临时工程、管理费和利润。所有分项工程价额之和，再加上开办费、基本费用项目（这里指投标费、保证金、保险、税金等）和指定分包工程费，构成工程总造价。在施工期间，每个分项工程都要计算实际完成的工程量，并按承包商报价计费。增加的工程需要重新报价，或者按类似的现行单价重新估价。

3）政府投资项目的造价管理

在英国，政府投资项目是由政府有关部门负责管理，包括计划、采购、建设咨询、实施和维护，对从工程项目立项到竣工各个环节的工程造价控制都较为严格，遵循政府统一发布的价格指数，通过市场竞争，形成工程造价。英国建设主管部门的工作重点则是制定有关政策和法律，以全面规范工程造价咨询行为。英国政府投资项目工程造价管理通常为全过程造价管理，由政府各部门提出项目建议或计划，交由财政部审查并核定投资额，列入国家年度财政预算。

英国对政府投资项目采用集中管理的办法，按政府的有关面积标准、造价指标在核定的投资范围内进行方案设计、施工设计、目标控制，不得突破。如遇非正常因素需要突破时，可在保证使用功能的前提下降低标准，但仍需将投资控制在额度范围内。

4）工程造价相关法律法规

英国建筑法规，一般是指《建筑条例》（Building Regulations）（现行版本为 The Building Regulations 2010）。为进一步解释《建筑条例》，英国国会（联合王国议会）还发布其他次级立法，主要包括《建筑核准检查员条例》（Building（Approved Inspectors etc.）Regulations）、《建筑地方机构管辖权条例》（Building（Local Authority Charges）Regulations）、《建筑能效条例》（The Energy Performance of Buildings（England and Wales）Regulations）等。苏格兰、北爱尔兰、威尔士等议会发布的法规与此类似。

英国建筑法规体系非常严密，政府对建筑业管理的常规事务都有明确的法规规定。英国的法律法规体系分为三个层次：法律、条例和技术规范与标准。法律由议会或议会授权制定，条例是根据法律中的授权条款，由政府或行业协会和学会制定，技术标准与规范由行业协会和学会制定。

2. 工程计价方式

1）计价总体模式

英国"工料测量"的基本方式是，按照工程量计算规则（如 SMM、NRM）等编制工程量清单，按照图纸和技术说明书进行工程量计算，之后参照各类造价指标指数、价格信息，结合市场情况及工程特点等信息来计算清单项目的综合单价，形成合价。在工程建设的不同阶段，会采用不同的方法进行计价。在不同的项目阶段所使用的计价方法有所不同，具体见表5-1。

英国各个建设阶段使用的工程计价方法　　　　　　　　　　表 5-1

项目阶段	方法	使用频率排名
前期阶段	单位功能价格法	1
	主体面积价格法	2
	单位容积价位法	3
	楼层计算法	4
设计开发阶段	近似工程量法	1
	构件估算技术	2
施工图设计阶段	以资源为基础的估算	1
	工程量清单计价法	2
	基于 BCIS 的成本规划与分析	3
施工阶段	实际计量法	1
	工程量清单计价法	2
竣工阶段	现金流预测	1
	完工费计算	2
	资金使用计划编制	3

2）英国工程造价的计价方法

英国工程造价形成过程及主要形成的计价文件如下。

（1）前期阶段

设计任务书和草图设计阶段属于项目开发的早期阶段，造价人员常常采用近似估价技术来确定预算并评估方案的可行性，形成决策分析等文件。近似估价技术是基于已完工程项目的造价数据进行的，在此基础上考虑地区差异、现场条件、市场情况和工程质量等因素，对基准造价数据进行调整，得到一个以比较法或内插法为基础的临时估算值。在实践中，分析和应用此类资料的方法主要有：

①单位功能价格法：这一方法要使用以前项目的单位成本，其中单位成本是将建筑物的总成本除以建筑物功能单元的数量得到的。利用这种方法得到的结果和建筑的最终成本之间还有很大的差异，因为每个现场的性质不尽相同。此外，业主的项目纲要是否完善、外界的服务设施与建筑物的距离等因素都将对价格产生影响。

②主体面积价格法：这一方法会用到同类已完工程的单位面积成本，其中建筑面积被定义为每层内部测量面积，不扣除内墙和楼梯。这一方法由于规则简易而被开发商和承包商广泛运用，但考虑到技术规范、复杂程度、尺寸、外形、地基条件和层数等诸多因素，该方法仍需要作很多的调整。因此，为了确定这些因素，造价人员需要获得每一种建筑类别下若干建筑物准确的历史成本。

③单位容积价位法：通过项目的体积来计算，通常在体积比面积容易获得的时候使用。

④楼层计算法：根据项目的单位来计算，通常是墙面、楼层、屋顶等。

（2）设计开发阶段

在此阶段，主要的规划问题将获得解决，轮廓性设计初现。工料测量师核对概略估算数字，借助大量的造价资料制定一个初始的造价规划，用来指导建筑物各个分部分项工程或重要部分临时造价指标的制定。同时，工料测量师还会对不同结构形式、采用不同材料和不同公用设备布置的工程建设项目作出造价比较，造价比较分析包括可能发生的经常费用和维护费用。在设计阶段，详细的成本估算技术、近似工程量法和构件估算技术比较常用。新测量标准第一卷（NRM1）、建筑成本信息服务（BCIS）和一些内部公式常常用于做成本规划。

①近似工程量法：当其他近似估算技术不能为预算提供足够可靠的信息时，一般会采用这种方法。最常见的是依据综合性较强的简明工程量和承包商依据图纸和规范自行编制的工程量清单进行计价。

②构件估算技术：通过应用同等项目中构件的已知实际成本，类比得到拟建工程的构件成本，再根据工程特征进行调整得到拟建工程造价。

（3）施工图设计阶段

工料测量师根据施工图以及各种规则计算工程量。参照近期同类工程的分项工程价格，或在市场上索取材料价格，经分析计算详尽的预算，作为业主的预算和编制标底的基础；之后，工料测量师还须认真地进行造价校核。在这一阶段，业主的工料测量师可采用三种方式来编制工程量清单，分别是传统式（traditional working up）、改进式（也称为直接清单编制法，billing directly）、剪辑和整理法（也称为纸条分类法，cut and shuffle or slip sortation）。

①传统式：传统式依照 SMM 的工程项目划分计算，对每个部分根据图纸列出计算方法与程序，将计算结果与项目描述按照先立方米后平方米再延长米，先下部后上部，先水平面后斜面、垂直面的顺序抄录在专门的纸上。此方法首先遵从了分项的整体性，最后，将工程量中有增减的项目计算出来，累计得到最终的工程量。

②改进式：改进式摒弃了部分传统的编制方法，适用于中小型的工程。计算时采用直接计算净工程量的方法，与传统方法相比可以在每个分部工程结束时就得到准确的工程量，但是对图纸齐备性的要求较高。因此，这一方法适合开工后分包商重新计算工程量时使用。

③剪辑和整理法：剪辑和整理法是一个完全排除传统编制方法的体系。它遵从了分项的整体计算原则，将所有项目计算完毕再按照清单的顺序进行分类。

除上述工程量清单计价方法外，另外也会基于 BCIS 进行成本规划与分析。RICS下的建筑成本信息服务机构 BCIS 形成了建筑成本估算的构件分类以及成本分析的标准格式，在此基础上进行的成本规划和分析也是施工图设计阶段的主要方法。

（4）施工阶段

在施工阶段，双方对工程的造价进行合理有效的控制，对工程变更等重新报价或者参考类似工程结算。受雇于业主的工料测量师，在施工过程中要根据工程进度确认工程结算款项和控制拨款，并根据工程变化情况调整工程预算。承包商的工料测量师，除按照招标文件参与现场踏勘、编制报价和投标文件、中标后按中标造价进行资金分配和合同的履约等工作以外，在施工过程中还直接参与项目管理，按施工进度提供劳动力、材料、施工机械等供应计划，按月或周统计已完成的工程量，提出工程结算款项，竣工验收后提出竣工决算等项业务。发承包双方要在各个环节上严格控制工程费用的支出，确保在中标造价内实现预期利润。

在此阶段常用的计价方法包括实际计量法和工程量清单计价法。

①实际计量法：在估价过程中，可以采用单价乘以估算工程量的方式，对组成该项目的所有作业和工作逐项估算，对该项目中比例最大的工种采取以工时、设备、材料为基础的总成本估算的方式进行估算。此外，当估算需要考虑某一作业的总持续时间与其他作业的相互关系时，会采用作业估价法。

②工程量清单计价法：承包商的估价师按照工程量清单，结合其以前的经验，并收集市场信息资料、发送咨询单、回收厂商及分包商报价，对每个分项工程都填入单价及单价与工程量相乘后的金额，以此来进行成本要素分析。所有分项工程总价之和，加上开办费、基本费用项目（投标费、保证金、保险、税金等）以及指定的分包工程费，构成工程总造价，通常也作为承包商的投标报价。

在施工阶段，任何分项工程都要定期计算其实际完成的工程量，同时按承包商报价计费。增加的工程需要按类似现行单价重新进行估价或者重新报价。工程量清单系统地提供了项目的所有工程量、人工、材料、机械的用量以及对工程项目的说明。在开办费部分说明影响报价的因素以及所采用的合同形式，在分部工程中描述施工质量要求和材料质量。

3. 工程计价依据

英国的工程计价依据可以分为计"量"依据与计"价"依据。工程计"量"依据有工程量计算规则、全国统一的工程项目划分及编码、工程量表；而计"价"依据根据来源不同，分别为政府发布的工程造价信息、有关专业学会颁发的造价资料、大专院校和建筑研究部门发表的研究资料、工程造价咨询机构的历史资料以及刊物登载的有关价格资料等。英国工程造价信息发布主体具体见表5-2。

英国工程造价信息发布表　　　　　　　　　　　　　　　表5-2

类别	发布主体
政府	英国内阁办公室（CO）
	英国国家统计办公室（ONS）
	基础设施与项目管理局（IPA）
	英国商务能源与工业战略部（BEIS）

续表

类别	发布主体
专业团体	英国皇家特许测量师学会（RICS）
	建筑成本信息服务中心（BCIS）
	英国土木工程师学会（ICE）
	英国皇家建筑师学会（RIBA）
	建设项目信息委员会（CPIC）
企业层次	测量师行、咨询机构、建筑论坛和大型工程承包商

1）工程量计算规则

工程量的测算、计算方法是工料测量的基础，工程量计算规则是参与工程建设各方共同遵守的计算基本工程量的规则。《新测量规则》（NRM）、《建筑工程工程量标准计算规则》（SMM）和《土木工程工程量标准计算规则》（CESMM）作为编制建设项目工程量的依据、确定标底及报价的基础、工程结算的参考材料，为工程量的计算、计价工作及工程造价管理提供了科学化、规范化的范本。

2）英国统一工程项目划分及编码

英国统一工程项目划分及编码形式和内容相当于我国的概预算定额项目划分。在英国，所有政府部门、设计、施工、咨询、金融、学校等与建设的各个方面都基本上实现了计算机联网，统一的项目划分及编码为项目的经济评价、估算及预算的编制、造价的监控、项目建成后的后评估、资料的积累等提供了统一口径，使得数据交换和共享更为方便。

3）工程量清单

工程量清单系统地提供了拟建工程所有工程量，包含人工、材料、机械以及对工程项目的说明，在开办费部分说明所采用的合同形式以及影响报价的因素，在分部工程中描述材料的质量和施工质量要求，最后形成工程造价的汇总表。工程量清单的主要作用是为竞标者提供一个平等的报价基础，为承包商提供估价的依据；工程量清单通常被认为是合同文本的一部分，能为单价调整和变更提供依据，也是业主中期付款和竣工结算的基础，还为承包商项目管理提供依据。

4）工程造价咨询机构的历史资料

英国的工程造价咨询机构十分注意历史资料的积累和分析整理，建立起本公司的一套造价资料积累制度，同时注意服务效果的反馈，形成了信息反馈、分析、判断、预测等一整套的科学管理体系。这些资料不仅为测量各类工程的造价指数提供基础，同时也为相关工程在没有图纸及资料的情况下提供类似工程的造价资料和信息参考。

5）官方发布的工程造价信息

官方工程造价信息的发布往往采取价格指数、成本指数的形式，同时也收集发布投资额、建筑面积等信息，例如有关部门定期公布的劳务、材料、机械等价格信息以及工程造价的综合性指标。官方发布的工程造价信息（国家或有关权威部门统一规定的物价指数、税费标准等）是各工程咨询机构必须共同遵守执行的。

6）造价数据库

在英国，十分重视已完工数据库资料的积累和数据库的建立，每个 RICS 会员都有责任和义务将已完工程的造价资料，按照标准的工程格式进行填报，收入学会数据库，计算机实行全国联网，所有会员可以实现资料共享。

7）其他渠道信息

其他造价信息的发布渠道包括刊物登载的有关价格资料，私人公司编制的工程价格和价目表，有关专业学会发布的造价资料，大专院校和建筑研究部门发表的研究资料，专业技术图书馆提供的造价资料。

5.2.2 英国的工程造价专业人才培养

1. 工程造价专业人才管理及保障

英国政府对各类专业人士的管理以宏观调控为主，行业协会实行高度自律，负责对从业人员进行职业资格认可、注册、行为监督和管理等。市场根据市场经济的规律，对从业人员实行优胜劣汰，形成了一套由政府、行业协会和市场三方共同作用的较为完善的管理体系，具体形式如图 5-3 所示。

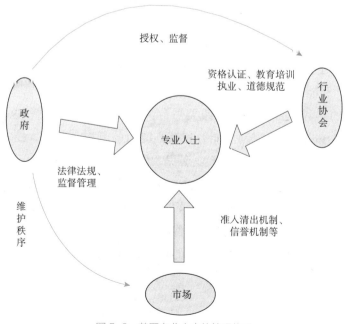

图 5-3 英国专业人士的管理体系

在英国，市场经济模式下，政府并不直接插手经济事务，没有行业管理的归口部门，也不设立专门的行业主管机构。政府只要通过制定完善的法律、法规及技术标准体系，规范行业市场行为，严格执法监督管理等宏观调控方式，保障市场的良性运行。对于专业人士，政府通过自检或委托专业学会的形式进行定期审查。例如，RICS 对工料测量师的管理总体可以概括为三个方面：一是代表政府对相关从业人员进行资格准入和认可；二是对专业人士教育的介入和管理，包括对高校课程的认证，以及提供继续教育，从而保证从业人员的技巧、能力和知识的不断更新和加强；三是对整个行业的管理监督，包括制定严格的工作条例和职业道德标准以及对从业人员的执业行为进行监督控制。

RICS 对工料测量人员设置了三种能力系列，即强制性能力、核心能力和可选择能力，每一种能力都有三个水平层次。RICS 规定强制性能力是一个合格的工料测量师需达到能力的最低水平，对强制性能力的要求主要集中在 Level1 和 Level2 层次，主要通过学历教育培养；而核心能力是指工料测量师在某一特殊专业领域掌握的主要技能，是在强制性能力的基础上发展起来的，对工料测量师所掌握的核心能力要求需达到 Level3 层次，但是对于高校工料测量专业毕业生的要求远没有那么高，一般只要达到 Level2 层次；可选择能力是某一领域专家掌握的能力，需要基于长期实践经验获得，因此对于工料测量师要求达到 Level2 层次，高校工料测量专业毕业生只需要达到 Level1 层次。

2. 工程造价专业人才学历教育

在英国，大学被授予了相当大的办学自主权，它们可以自己决定其专业名称和学制年限，在专业设置和管理模式上也强调自身特点。工料测量是工程项目管理的分支，英国大学开设工料测量（Quantity Surveying）专业的院校很多，大都开设在工程学院。工料测量的课程体系适用于多数工业部门的工料测量和资金管理，既为学生提供了扎实的理论基础，还包括了当代和未来工料测量实践的各种方法，培养学生工料测量和造价管理的技巧和能力。

工料测量的本科专业主要设置四类平台课程，包括法律、管理、技术和经济方面，主要是对 RICS 提出的强制性能力和核心能力的响应。其中，技术类课程占比较大。开设工料测量专业的院校，其专业课程大都要经过 RICS 的课程认证，在低年级，以开设能力层级要求较低的基础课程为主，如建筑技术、建筑设备、工程经济、建筑环境、建筑法律、管理学等；高年级则以开设能力层级要求较高的专业课程为主，如工料测量、工程成本、建筑数字技术、智能建筑、国际工程等；除此之外，英国工料测量专业教育还很重视学生实践能力的培养，有大量实践、实习类的课程或教学环节。

3. 工程造价专业人才执业教育

英国皇家特许测量师学会对工料测量师的定义是：皇家特许工料测量师是建筑队

伍的财务经理，他们通过对建设造价、工期和质量的管理，创造和增加价值，在各种规模的建设项目和工程项目他们均能提供有效的造价管理和控制，同时，作为咨询专家，在公共事务中他们比任何其他专业的咨询专家提供的服务内容都要多。因此，工料测量师的功能就是为项目业主或承包商分析投资和开发项目，主要工作内容涉及：生产性和投资性需求评估，作业管理和成本评估，项目可行性分析和预算评估等。随着业主要求的不断变化，工料测量师的工作范围也发生变化，主要包括：战略管理、承包管理、数学基础和应用能力、项目管理、多专业性工作、规划项目实施、费用测算七个方面。

在英国，对工料测量师的执业资格认可工作由 RICS 全权负责。RICS 采用会员资格和执业资格合一的方法进行管理，从业人员要想获得执业资格，必须满足 RICS 的入会标准并经过一定时间的实践培训，经考核合格后，成为 RICS 的正式会员，即具有了执业资格，就可以独立从事工料测量的各项工作。另外，皇家特许测量师学会考虑到专业人士的知识和年龄结构，将会员分为不同等级，其中正式会员包括含有资深会员和专业会员两类的专业级会员、技术级会员和荣誉级会员，非正式会员包括学生、实习测量师以及技术练习生。

RICS 胜任能力的要求取决于申请人所选择的专业。每个专业都规定了需具备的强制能力和技术能力。为了胜任 RICS 会员的执业要求，申请人必须具备执行某项任务或承担某种责任的技能。RICS 胜任能力不仅包括多种任务或职能，还包含了态度和行为。

RICS 对技术能力的描述具有普遍性，因此适用于不同的执业领域和地理位置。在解释这些技术能力时，申请人应当参考自己的执业领域、专业方向和地理位置。每项胜任能力划分为了解和领悟、实际应用、提供合理化建议和掌握较深的技术知识三个层次。申请人必须循序渐进地达到所需的能力水平。

4. 工程造价专业人才继续教育

英国皇家特许测量师学会执行继续教育制度（Continuing Professional Development, CPD），就是在 RICS 会员自身的职业发展中，用终身学习的方法去规划、管理职业发展，并从职业发展中获取最大的收益。RICS 特别强调系统性的学习，强调对学习机会的综合理解。CPD 具有三个特点：持续不断的、专业性的、注重发展的。CPD 的基本原则：①职业发展应当由学习者个人掌握和支配；②职业发展应持续不断地进行，专业人士应当经常积极地去寻求提高专业水平；③ CPD 是个人行为，专业人士对自己需要掌握哪些知识最有发言权；④学习目标必须明确；⑤必须抽出一定的时间进行学习，并将其作为职业生涯的重要部分，而不是可有可无的额外行为。有效的 CPD 需要制定系统性的学习计划，这一系统性的学习计划包含四个阶段，分别是评价、规划、发展、总结。每个阶段需要解决的问题不同，从评价自身、确立目标、如何实现目标，一直到对实现目标以后的评价。

5.3　日本的工程造价管理简述

5.3.1　日本的工程造价管理制度

1. 工程造价管理模式

1）工程造价管理机构

日本实行立法（国会）、司法（法院）和行政（内阁）三权分立的政治体制，内阁为最高行政机关，由内阁总理大臣（首相）和分管各省、厅（部委）的大臣组成。日本在 2001 年将运输省、建设省、国土厅、北海道开发厅合并为国土交通省，主要负责日本全国的国土资源保护和开发、公路交通的建设和管理、铁道交通的监管及气象、地震的预报和预防等方面的行政管理事务。国土交通省下设厅局级单位、研究所及按地域设置的地方局负责地方建设等事务的行政管理。国土交通省负责国家机关、教育、文化、社会福利等建筑设施的建设，制定技术标难，对政府设施的维护提供指导。

2）工程造价计价模式

日本的工程造价实行积算制度，也是一种量价分离的计价模式，国土交通省发布有一整套工程计价标准，即《建设省建筑工程积算基准》。工程量的计算依据为日本建筑积算协会编制的《建筑数量积算基准》，该基准为政府投资项目和私人投资项目广泛采用，所有工程一般均由建筑积算人员按此规则计算工程量。工程量计算业务以设计图及设计书为基础，对工程数量进行调查、记录、合计，计量、计算构成建筑物的各部分；其具体方法是将工程量按种目、科目、细目进行分类，即整个工程分为不同的种目（建筑工程、电气设备工程和机械设备工程），每一种目又分为不同的科目，每一科目再细分为各个细目，每一细目相当于单位工程。《建设省建筑工程积算基准》中制定了一套《建筑工程标准定额》，对于每一细目以列表的形式列明细目中的人、材、机械的消耗量及一套其他经费（如他包经费），通过对其结果分类、汇总制作详细清单，这样就可以根据材料、劳务、机械器具的市场价格计算出细目的费用，继而可计算出整个工程的纯工程费。

3）政府投资项目的造价管理

在日本，政府投资项目与私人投资项目的造价管理方式不尽相同。政府对自行投资项目分部门实行全过程管理，为将造价严格控制在批准的投资额度内，政府指定专门机构收集并掌握政府投资工程的劳务、机械、材料单价，编制复合单价，作为政府控制项目投资的依据。因此，政府投资项目基本上由政府控制预算，各级政府都掌握有自己的劳务、材料、机械单价或利用出版的物价、指数编制的工程复合单价。对私人投资工程，政府通过市场管理，以招标方式加以确认。

4）日本建筑业相关法律法规

日本有比较完善的建筑法律制度，包括《建筑基准法》《建筑业法》《建筑师法》等基本法律。《建筑基准法》主要对有关建筑物的用地、构造、设备及用途的最低标准作了详细规定;《建筑师法》是规范从事建筑师资格的基本法律。除此之外，日本还制定有一系列与建筑法律制度相配套的法律，如《城市规划法》《住宅地开发限制法》等。

2. 工程计价方式

1）工程造价计价的总体模式

日本的工程积算，是一套独特的量价分离的计价模式，其量和价是公开的。日本的工程造价管理类似于我国的定额取费方式，建设省制定一整套工程计价标准，即《建筑工程积算基准》。其工程计价的前提是确定数量，即工程量。工程量的计算，按照标准的工程量计算规则，该工程量计算规则是由建筑积算研究会编制的《建筑数量积算基准》。该基准被政府公共工程和民间（私人）工程广泛采用，所有工程一般先由建筑积算人员按此规则计算出工程量。

2）工程造价的计价方法

在日本，工程估算大致分为概算估算和明细估算两种。

概算估算是在工程计划开始时对工程费用进行估算，同时进行设计与施工方法的评价和比较，作为编制预算（施工实施预算）的基准。它是一种极简单、概括性的估算，一般都是根据类似工程实际结算的工程量、人工、材料、机械使用量等统计指标，结合本工程实际情况进行调整，同时考虑建设期材料、设备的年平均增长指数、汇率的变化、建设条件等因素动态地计算工程项目总费用。

明细估算是在详细设计阶段，根据已确定的施工图、技术说明书及现场实际调查资料等大量的实际数据，分析出实物工程量、人工、材料量和施工机械台班数，同时考虑建设期的材料、设备涨价、汇率变化等因素计算出工程项目总费用。

日本工程造价的计算流程如图 5-4 所示。

日本通常使用实物法计算材料费、人工费、施工机械费以及建设过程的间接费。对于共同临时设施费、现场管理费和一般管理费，可按实际成本计算，或根据历史档案资料按照纯工程费的比率进行计算。

（1）直接工程费的计算

直接工程费是指建造工程标的物所需的直接的必要费用，包括直接临时设施费用，按工程种目进行积算。积算是指将材料价格及机械价格乘以各自数量，或者是将材料价格、劳务费、机械器具费及临建材料费作为复合费用，依据《建筑工程标准定额》与各施工单位的数量相乘。若这一方法可行性较低，可参考物价资料上登载的价格、专业承包商的报价等来确定。当工程中产生的残材还有利用价值时，应减去残材数量乘以残材价格的数额。计算直接工程费时所使用的数量，若是建筑工程应依据《建筑数量积算基准》中规定的方法，若是电气设备工程及机械设备工程应使用《建筑设备数量积算基准》中规定的方法。

材料价格及机械价格，原则上为投标时的现场成交价，同时需参考物价资料的登载价格、合作社或专营者的商品定价表或估价表上的单价、类似工程的单价实例等，并考虑数量的多少、施工条件等予以确定。

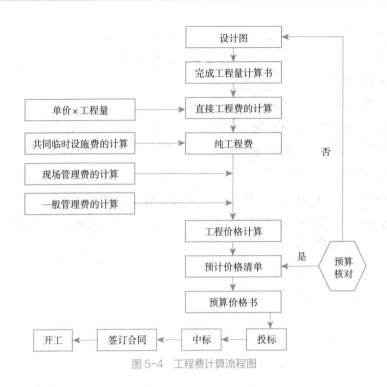

图 5-4　工程费计算流程图

人工费依据《公共工程设计劳务单价》确定。但是，对于基本作业时间外的作业，如特殊作业，可根据作业时间及条件来增加劳务单价。对于偏远地区等的工程，可根据实际情况另外确定。

机械器具费及临时设施材料费，根据《承包工程机械经费积算要领》的机械器具租赁及临时设施材料费确定，若无法依据上述方法确定时，应参考物价资料登载的租赁费确定。

搬运费通常包含将材料及机器等搬运至施工现场所需的费用，对于需要在工程现场外加工的材料或需要临时使用的机械器具，其产生的往返费用应依据《货物汽车运输业法》中的运费进行必要的积算。

（2）共同临时设施费的计算

共同临时设施费依据费用累计计算或根据以往的实际资料，按照直接工程费的比率（共同临时设施费率）来计算。不同类型的工程，共同临时设施费率不同，有些工程需要对共同临时设施费率进行修正。

（3）现场管理费的计算

一般情况下，现场管理费根据已完工程项目的纯工程费按比率计算。现场管理费率依工程类型和规模的不同而有所不同。当建筑工程以分包的形式进行施工时，对于钢结构及钢筋混凝土结构的主体建筑物的钢筋工程，应对现场管理费率予以补正。

（4）一般管理费的计算

一般管理费和附加利润，按工程原价的比率计算。一般管理费的费率可按照给定的标准计取。

将同一建筑物或同一地盘内的工程分别发包时，中标人的共同临时设施费、现场管理费和一般管理费，一般需从本工程整体计算的共同临时设施费、现场管理费和一般管理费中扣除已竣工部分工程预算清单中记载的共同临时设施费、现场管理费和一般管理费部分。

3. 工程计价依据

1）日本工程计价依据的类型

在日本的计价依据主要有：

（1）"建筑计算要领"。主要包括两方面内容，一是规定了工程费的构成，包括直接工程费、临时工程费、现场管理费、一般管理费等，并规定了费用的具体内容；二是规定了上述各项费用的计算方法和具体费率标准。"建筑计算要领"相当于我国目前各地区、各部门发布的费用定额。

（2）"建筑工程标准定额"。主要包括完成土方、打桩、梁、柱、板、屋面以及装饰等工程所需的人工、材料消耗。一般五年修订一次，每年大约修订1/5，相当于我国批准发布的全国统一建筑工程基础定额。

（3）"建筑数量计算基准解说"。是日本政府部门、建设单位和建筑企业承发包工程计算工程量时共同遵循的统一规则，相当于我国的全国统一建筑工程预算工程量计算规则。

（4）"新营厅舍面积算定基准"。此计价依据和"新营预算单价"与"建筑工事标准步褂"相比较为粗略，主要在项目前期供业主投资决策时使用，相当于我国的估算指标。

（5）其他计价依据。日本的工程造价信息权威发布机构是一般财团法人经济调查会和建筑物价调查会。两个机构定期发布杂志，为公共工程和民间工程的计价提供参考。现阶段主要有经济调查会发行的《积算资料》《建筑施工单价》和建筑物价调查会发行的《建筑物价》《建筑费用信息》四种杂志。《积算资料》《建筑物价》以图表的形式发布施工单价、材料及劳务单价，每年发布1~4期。《建筑施工单价》《建筑费用信息》以图表的形式发布市场单价，每季度发布一次。这四种杂志数据是调查发布东京、大阪、名古屋、札幌、仙台、新潟、广岛、高松、福冈九个城市的价格信息。国土交通省对农业、林业和渔业部及土地、基础设施和交通运输等公共工程，定期发布施工劳务单价。除此之外，还有各类社会团体、出版社、企业等也发布造价信息。

2）日本工程计价依据的编制

在日本，由国土交通省统一组织或统一委托编制并发布有关公共建筑工程计价依据。日本每半年通过填写报表调查一次工程造价变动情况，每三年修订一次现场经费和综合管理费，每五年修订一次工程概预算定额。此外，由一般财团法人经济调查会和建筑物价调查会负责国内劳动力价格、一般材料及特殊材料价格的调查和收集，每月向全社会公开发行人工、机械、材料等价格资料，并且还发布主要材料的价格预测及建筑材料价格指数等。

5.3.2　日本的工程造价专业人才培养

在日本，工程积算制度是日本工程造价管理所采用的主要模式。工程造价咨询行业由日本政府建设主管部门和日本建筑积算协会统一进行业务管理和行业指导。其中，政府建设主管部门负责制定发布工程造价政策、相关法律法规、管理办法，对工程造价咨询业的发展进行宏观调控。

工程造价咨询机构在日本被称为工程积算所，主要由建筑积算师组成。日本的工程积算所一般对委托方提供以工程造价管理为核心的全方位、全过程的工程咨询服务，其主要业务范围包括：工程项目的可行性研究、投资估算、工程量计算、单价调查、工程造价细算、标底价编制与审核、招标代理、合同谈判、变更成本积算、工程造价后期控制与评估等。

从建筑的筹划、设计到施工、合同及经营管理整个建筑生产过程，以科学的方法和技术对建筑成本予以控制，意义非常重大。按照建筑设计图纸算出工程量、做出工程量清单的建筑数量，是建筑积算的基本业务之一。为了适应对建筑生产透明性、妥当性和合理性的要求，确立积算方法显得非常重要。为此，日本建筑积算协会于1979年创立了建筑积算师制度，于1990年废除建筑积算师制度，建立了建筑积算资格者制度，作为新的认定资格。

日本实行积算师资格认定制度，资格认定实施工作由日本建筑积算协会负责。资格认定须参加考试，考试合格者可获得资格认定。资格认定主要是考查积算人员的技术水平。建筑积算师分布在工程建设的各个领域，其中主要分布在设计单位、施工单位及工程积算所等。

5.4　国外工程造价管理的特点

通过对美国、英国、日本工程造价管理的分析，可以发现国外工程造价管理具有以下特点。

1. 工程造价管理组织机构

发达国家政府参与工程造价管理的一般途径和作用有：

（1）定期公布各类工程造价指南，供社会参考；

（2）负责政府投资的有关部门对自己主管的项目进行直接的管理，并积累有关资料，形成自己的项目划分和计价标准；

（3）劳工管理部门制定及发布各地人工费标准来直接影响工程造价；

（4）主管环保及消防的有关部门通过组织制定及发布有关环境保护标准来间接影响工程造价；

（5）通过银行利率等经济杠杆对整个市场进行宏观调控，从而影响工程造价的构成要素，最终影响工程造价。

另外，对于政府投资工程和非政府投资工程，实行不同的管理模式。政府管理的重点主要集中在政府投资的项目上，且这种管理并不是以市场管理者的角度进行的，而是以一个投资主体身份，以追求投资效益为目的所进行的项目管理。包括采用各种标准、指标在核定的投资范围内进行方案和施工设计，严格实行目标控制，在保证使用功能的前提下宁可降低标准，也要将投资控制在限额内。

此外，行业协会在工程造价管理中发挥着重大作用，很多国家的工程造价管理主要依靠社会化的行业协会来进行，政府对工程造价的干预主要采取以经济手段为主的间接方式进行。

2. 工程造价管理相关法律法规

发达国家市场化和法制化程度都非常高，建立了完善的法律体系，虽然专门的建筑法规较少，但建筑活动的各个环节都有相应的综合性法规进行规范，这为建筑产品的交易提供了良好的平台。英国、美国和日本都有严格的合同管理制度和担保、保险制度，这为合同的严格执行创造了条件。建筑行业技术规范与标准对建筑业的管理起着十分重要的作用。建筑法规体系非常严密，有关政府对建筑业管理的常规事务都有明确的法规进行规定。建筑法规有专门的机构进行编制，这些机构不仅对建筑业的管理熟悉，而且对法规的编制也非常精通。建筑法规的编制非常完整，具有较好的可执行性。

3. 工程造价计价模式

（1）美、英、日三国在工程造价管理模式中，工程项目分为政府工程和私人工程两大部分。对于政府工程，各国都有相关规定，在政府工程的兴建过程中必须遵守；对于私人工程，在不违反国家法律的条件下，政府不直接干预，通过市场调节进行调控。

美国和英国均没有统一的定额，工程中的各种价格都是变动的，通过市场来确定，受到供求关系的影响，充分体现了市场调节作用。工程中"量"的计算，英国和日本都规定了相应的计算方法或规则。工程的"价"都由市场价确定，美、英无论政府工程或私人工程都由行业协会或企业确定，但日本由官方机构的"一般财团法人经济调查会"和"建筑物价调查会"专门负责调查劳务、材料、机械的市场单价并结合定额消耗量编制复合单价，计算政府公共工程的预算价格，作为政府控制项目投资的依据。

（2）各国在造价估算过程中，都充分利用已建类似工程的数据资料，进行必要的调整，编制出工程造价概算，用于控制工程设计；在详细施工图做出后，按实物法计算得出造价预算，进行施工过程的造价控制。利用实物法进行预算，便于工程各种费用的动态控制和调整，它是市场经济下的必然产物。

（3）美国没有工程管理的全国归口管理部门，也没有统一的计算规则和统一的定额，由承发包双方商定合同价，是典型的市场化价格；英国不仅有本地区工程的归口管理部门，也有统一的工程量计算规则，还有政府工程的建设标准和造价指标；日本有全国工程的归口管理部门，也有统一的定额和工程计价标准，管理比美、英细化。

（4）估价过程各有不同。英国模式的工程造价控制是由估价师实行的全过程的造价控制，其受雇于业主，从项目的可行性研究阶段就进入项目，直到工程竣工结算。美国的工程造价控制分为两个阶段进行：第一阶段，业主委托建筑师负责从工程项目筹划到工程招标这一过程的造价控制，如果建筑师能力有限或业主要求，建筑师可雇佣估价师负责这一阶段的造价控制；第二阶段，由承包商负责从中标到详图设计、施工、竣工这一阶段的造价控制。

4. 工程造价计价依据

发达国家工程造价信息的发布，已形成了相对成熟的组织体系，政府、专业团体（行业协会）、企业等一起构成了多元化的发布主体，从不同方面为造价信息的收集和发布发挥着重要作用，能够满足全国各类工程造价管理的需要。相关政府主管部门发布比较宏观的造价信息，为政府投资项目的控制提供重要依据，指引和规范工程造价的管理。专业团体层次指的是工程造价行业相关的专业团体或机构，如英国皇家测量师学会属下的建筑成本信息服务中心（BCIS）、日本的建设物价调查会等，发布的信息主要为全社会提供造价的参考。企业层次主要是指工程咨询机构和大型的工程承包商，大多数英国建筑企业通常会建立专门的造价信息数据库，用于储存历史工程的造价数据，实现造价资料的信息化管理，一方面用于自身企业的造价管理，另一方面，也向社会提供有偿服务，或者出版图书、开发软件等。

在信息采集方面，发达国家和地区已经建立了较为完善的数据采集渠道，造价数据采用信息化手段管理。建设工程造价信息的积累一般都采用标准化的采集和处理方式，政府工程和非政府工程的数据，分别由政府相关职能部门和专业团体、企业进行规范采集。发达国家和地区一般没有统一的计价定额，因此项目各参与方都对工程造价数据的积累更为注重，行业协会或者承包商都有责任和义务将已完工工程的造价信息按照规定的格式填报，并且获得数据库的使用权利。对于政府工程有专门的政府机构通过深入工程现场跟踪采集，对于非政府项目，一方面由企业积累自身数据，另一方面也通过互惠互利的合作机制进行广泛收集。形成的工程造价数据库不仅包括了各类建筑工程各阶段的造价数据和资料，也包括了体现建设项目工程特征、技术特性与施工组织设计等的数据和资料及有关新材料、新技术、新工艺、新设备等的工程技术资料。

复习思考题

1. 简述美国工程造价的计价模式。

2. 美国工程计价的工作包括哪些？

3. 简述英国的工料测量体系。

4. 简述日本的工程造价积算制度。

5. 以美国、英国、日本为例，简述国外工程造价管理中各方组织的功能。

6. 简述发达国家造价信息多元发布渠道。

第6章
工程经济分析基本方法

【教学提示】

本章的学习目的是让学生认知工程经济活动的内涵、资金的时间价值，了解工程项目融资的成本和建设期利息的计算方法，工程项目经济评价的主要内容与基本方法，价值工程的概念、原理、程序与方法。让学生认识到工程经济学是工程造价专业的重要专业基础课，相关内容在工程经济学课程教学中会更加深入、全面。学生通过对本章内容的学习和掌握，有利于对下一章"现代工程造价管理的发展方向"的理解和基本理念的塑造。

6.1　工程经济活动与工程经济学

6.1.1　工程经济活动

工程经济活动就是把科学研究、生产实践和经验积累中所得到的科学与工程技术有选择地、经济地、创造性地应用到最有效地利用自然资源、人力资源和社会其他资源的经济活动或社会活动中，以满足人们需求的过程。

工程经济活动的目的是通过建设或生产，满足人们对物质生活和精神生活的需求。它要求工程师以科学技术为基础，尊重科学和自然规律，并通过工程和生产实践经验的积累，通过创造性的工作，选择最有价值的方案，有效地利用好自然资源、人力资源和社会其他资源。

人类的活动主要包括经济活动和社会活动。经济活动是人类最基本的活动，它是人类生存和发展的基本需要，人类使用一定的工具或手段改变自然或非自然物质环境，来适合自身的需要。社会活动是为了更好地服务于全社会的共同需要，通过政治、法律、文化等制度的建设，来满足人们在政治与法治、文化艺术、科研与教育、医疗保健、扶贫济困、国防安全等方面的需求。经济活动是社会活动的基础，经济发展水平决定着社会活动的深度与广度。社会活动虽然不直接满足人类的物质生活需要，但将促使人类进一步走向文明和发展的可持续。随着人类文明的进步和社会经济的发展，特别是经济全球化和数字经济的产生，一般性物质生活已基本得到满足，人类对精神生活、生态环境、社会的可持续发展提出了更高的要求，这就要求工程师提高科技创新能力，使工程活动更加符合"创新、协调、绿色、开放、共享"的发展理念。

6.1.2　工程经济学

1. 工程经济学概念

工程经济学属于应用经济学范畴，是一门研究如何根据既定的活动目标，分析活动的代价及其对目标实现之贡献，并在此基础上进行设计、评价和选择，寻求工程与经济的最佳结合点，以最低的代价可靠地实现目标的最佳或满意活动方案的科学。工程经济学的核心内容是提供一套工程经济分析的思想与方法，是人类提高工程经济活动效果的基本工具。

2. 工程经济学基本思想

1）追求最大的工程经济活动的经济效果

工程经济活动以满足人类自身的物质文化生活为目标，该目标是通过工程经济活动所产生的效果来实现的。根据活动对具体目标的不同影响，效果可分为有用的、所期望的（即效益），也可能会产生无用的或想避免的（即损失）。

由于工程经济活动的性质不同，会取得不同性质的效果，如财务效果、科技效果、艺术效果、生态效果、社会效果等，但无论取得何种实践效果，都将涉及必要的资源消耗，都会有节约或浪费问题。由于在特定的时间、地域条件下，人们可支配的经济资源总是有限的，因此，在工程经济活动开始前就要进行必要的工程经济分析。工程经济分析的目的是，在有限的资源约束条件下，对所采用的技术方案进行选择，并通过对活动进行计划、组织、协调、控制等，最大程度地提高工程经济活动的效益，降低或消除不利影响，最终提高工程经济活动的价值。

工程经济活动的效果是通过对工程经济活动所产生的效益与工程经济活动所产生的费用与损失进行比较来体现的，即工程经济效果 = 效益 – （费用 + 损失）或工程经济效果 = 效益 / （费用 + 损失）。

提高工程经济活动的效果是工程经济学的核心思想，也是工程经济分析的出发点和归宿点。提高工程经济活动效果的主要途径：一是用最低的全寿命周期成本实现产品、作业、服务或系统的必要功能；二是在费用一定的前提下，不断提高产品、作业、服务或系统的质量，改进其功能。

2）协调技术和经济的对立统一关系

技术与经济一直是对立的，从具体项目来看，要追求技术先进，就要付出经济代价，但是从长期来看，经济是技术进步的目的，技术是达到经济活动目标的手段，又是推动经济发展的强大动力。因此，工程经济学要科学地处理好技术与经济间对立统一的辩证关系，要结合项目的具体情况，避免片面地追求技术先进和艺术效果，要研究经济约束下最优的资源、技术、文化等要素组合，提升工程经济活动的最佳效果。

3）科学预测工程经济活动的效果

人类通过科学研究不断认识客观世界运动变化的规律，也对自身活动的结果进行科学分析和一定程度的科学预测，判断一项活动目标的实现程度，并可以相应地选择、修正所采取的方法与措施。

工程经济分析就是对工程经济活动方案在实施前和实施中的各种结果进行估计和评价的过程，属于事前和事中的主动控制，通过信息的搜集和资料分析，制定相应的对策和措施，来防范风险和控制偏差。虽然事后也进行评价与总结，但其主要目的是进一步认知项目建设和生产的规律，总结经验教训，指导未来，对未来的经济活动可能发生的后果进行科学合理的预测。只有充分地认知经济活动，提高预测的准确性，客观地把握未来的不确定性，才能提高风险防控能力，不断提升决策的科学性。

4）寻求技术方案的可比性

为了对多种技术方案进行评价和优选，就需要全面、正确地反映实际情况，使各种技术方案的条件等同化，寻求技术方案的可比性。由于各种技术方案涉及的因素较多且复杂，很难做到定量化、绝对的可比性和等同化，在实际工作中，一般要使对技术方案经济效果影响较大的主要方面达到可比性要求，包括：①产出成果使用价值的可比性；②投入相关成本的可比性；③时间因素的可比性；④评价参数的可比性；

⑤可持续发展的可比性等。

5）系统评价工程经济活动

综合考虑经济活动与社会发展、环境保护的关系，绿色、协调可持续发展已经成为人类的共识。为了防止工程经济活动片面追求经济效益而忽视社会效益和环境效益，或只考虑对某个利益主体产生积极效果，而没有考虑可能损耗其他利益主体的目标等问题产生，要求对工程经济活动进行系统性评价。系统性评价时应注意三个方面：一是评价指标要系统，具有多样性和多层次性，构成一个指标体系；二是评价角度和立场呈现多样性，工程经济评价根据评价的立场和看问题的出发点不同分为财务评价、国民经济评价和社会评价；三是评价方法的多样性，体现在定量与定性、静态与动态、单指标评价与多指标综合评价相结合。系统性评价要兼顾不同的利益主体、多个活动目标及影响，寻求满足各利益主体目标相互协调的均衡结果，获得较为满意的整体方案。

3. 工程经济分析步骤

1）明确目标

明确目标是工程经济活动成功的基础。工程经济分析的第一步就是通过调查研究，分析工程经济活动的显在和潜在需求，确立工作目标。众多建设项目的实践表明，建设方在建设前往往对需求的认知不到位、不明确，建设中需要不断修改和完善需求。因此，工程项目的成功与否，不仅取决于活动本身的系统效率，而且与需求分析密切相关，这就必须进行深入的市场调查，获取可靠的一手资料，提升对工程的认知能力，发挥不同专业的作用，明确建设目标，据此才能做到进行方案分析时技术可行、经济合理。

2）寻找关键要素

关键要素是实现目标的重要制约因素，寻找和确定关键要素是工程经济分析的一项重要工作。工程建设的制约因素很多，只有确定了关键因素，才能集中力量采取合理、有效的措施来解决主要矛盾，从而确保项目目标的实现。

3）穷举方案

穷举方案就是要发现和制定各种备选方案。在关键要素确定后，为实现经济活动的目标，要研究多种可选择方案，分析其优劣。工程经济分析的意义就在于多方案的优选与对确定方案的优化，因此在方案比选时，要尽可能多地提出潜在的方案。工程技术人员应发挥各自优势，不仅要采用头脑风暴法提出方案，还要在穷举方案的基础上，提交各专业人员进行交叉配合，在研究和优化的基础上选择最佳方案。

4）评价方案

在技术方案可行的基础上，各种方案的费用、效益往往又是不同的，这就要求通过对不同备选方案的经济效果评价，找出最佳方案。评价方案时，首先是要将关键要素尽可能定量化，根据确定的目标、方案和关键要素，进行调查研究，收集有关技术、经济、财务、市场、政策法规等方面的资料，用货币形式进行收益与费用的定量分析，计算各方案的现金流量，采用合适的经济分析指标如投资收益率、投资回收期、净现值、净年值、内部收益率等，对各种方案进行对比和评价后选出最佳方案。

5）决策

决策是工程项目实施的关键环节，是从若干行动方案中选择即将实施的方案，对项目的效果与成败至关重要。在项目决策时，决策者、技术经济专家和管理人员要进行必要的交流，减少信息不对称所产生的分歧，使各方、各专业人员充分了解各种方案的工程技术、经济特点以及相应的效果，从而提高决策的科学性和有效性。

6.2　资金的时间价值

6.2.1　资金时间价值的含义与计算

1. 资金时间价值的含义

资金的时间价值又称资金时间价值、货币时间价值，是资金或货币作为生产要素，在技术创新、社会化大生产、贸易流通过程中随着时间变化而产生的增值。时间是流动的，也是有限的，本质上是一种资源；资源也是有限的，并且是有价值的。资金作为一种资源，不仅具有价值，而且如果投入得当，会随着时间延长产生更大的价值。对优选的工程项目而言，应能够在一定的资源投入下，相同时间内，产生最大的价值，这是工程经济分析的意义所在。当人们将暂时不用的资金存入银行时，会获得一定的利息收入，当人们投资项目时，一般都期望获得一定的收益；当建设项目资金不够时，有时要向银行借贷，这时要支付给银行利息。这反映出资金会随着时间的推移而发生变化，变动的这部分资金便是原有资金产生的价值。

因资金时间价值的存在，同一笔资金的价值在不同的时点是不一样的。工程项目一般要在一定的持续时间内进行投资建设，可能是两三年或十余年，而其价值的产生要在生产期，可能需要十余年或数十年。这就需要对不同时点投入（现金流出）或产出（现金流入）的价值通过换算进行价值的比较。考虑资金的时间价值，并进行分析比较、评价与选择，是工程经济分析最基本的出发点。

2. 资金时间价值的计算

利息是资金时间价值的基本表现形式，或者说利息代表了资金的时间价值。

利息是借贷过程中债务人向债权人支付的超过原借款本金的资金。利息通常被认为是资金的一种机会成本，债权人出借资金这种资源，放弃了对这部分资金的使用权，理应获得必要的补偿，而债务人获得了债权人的这部分资金的使用权，应付出一定的代价。

与利息相关的除时间因素外，也有资金使用效率或资金使用成本因素，即利率。利率是指一定时期内利息额与借贷资金额即本金的比率。利率是决定企业融资成本高低的主要因素，它一般会受到社会平均利润率、供求关系、通货膨胀率、借款期限和借贷风险等的影响。

利率的表现形式包括年利率、月利率和日利率等，通常表示为年利率，计息次数可以一年一次，也可一年两次或多次，在两次或多次计息时应区分名义利率和实际利率。

利息要依据借款本金、借款时间和借款利率进行计算。可以按单利计算，也可以按复利计算。单利即只计算本金产生的利息；复利既要计算本金产生的利息，也要计入上一计息期利息产生的利息。具体计算方法如下。

1）单利计算公式

$$I=P\times i_d\times n \tag{6-1}$$

式中　I——n 个计息周期的利息总额；

　　　P——借款本金；

　　　i_d——计息周期单利利率；

　　　n——计息周期数或计息次数。

一般将本金与总的利息之和称为本利和，以 F 表示，则第 n 期的本利和为：

$$F=P+I$$

2）复利计算公式

$$I_t=i\times F_{t-1} \tag{6-2}$$

式中　I_t——第 t 年末利息；

　　　i——计息周期的利率；

　　　F_{t-1}——第（$t-1$）年末复利计息的本利和。

第 t 年末复利计息的本利和为：

$$F_t=F_{t-1}\times（1+i）=P\times（1+i）^n$$

例如：A 向 B 借款 100 万元，约定年利率为 10%，按年计息，3 年后偿还本息。如果约定以单利计息，三年后的利息为 $I=100\times10\%\times3=30$ 万元，三年后的还本付息额（本利和）为 130 万元。如果约定以复利方式计息，第 1、2、3 年的利息分别为：$I_1=100\times10\%=10$ 万元、$I_2=（100+10）\times10\%=11$ 万元、$I_3=（100+10+11）\times10\%=12.1$ 万元，三年的利息总和为 33.1 万元，三年后的还本付息额为 133.1 万元。显然，在同样的利率和还款时间下，复利计息所获得的利息更高，特别是工程建设项目，有的还款期会高达十余年，这个差距会更大。

复利计息能更好地体现资金的时间价值，因此，建设工程的经济评价、建设期利息等的计算如无特殊说明，一般均采用复利计算。

6.2.2 现金流量的含义与表示

1.现金流量的含义

在工程经济分析中，通常需要将考察对象视为一个系统，这个系统可以是一个项目或一个企业，也可以是一个地区或一个国家。现金流量研究的是在它的系统生命周期内资金的流入、流出等情况。对某一时点流入系统的资金称为现金流入，流出系统的资金称为现金流出，同一时点的现金流入减去现金流出称为净现金流量。现金流入量、现金流出量、净现金流量统称为现金流量。

现金流入与现金流出是一个相对的概念，如某建设项目，借用某银行 100 万元，从企业的角度是现金流入，从银行的角度是现金流出，在进行建设项目经济评价时，如资金投入到该项目建设上，从项目经济评价的角度是现金流出。

2.现金流量的表示

1）现金流量图

现金流量图是一种反映经济系统资金运动状态的图式。现金流量图可以形象、直观地表示现金流量的三个要素：资金数额，资金流入或流出方向，资金流入或流出的时点（作用点）。如图 6-1 所示。

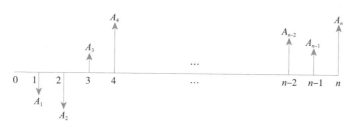

图 6-1 现金流量图

现金流量图中，横轴表示时间轴，0 表示时间序列的起点，n 表示时间序列的终点。轴上每一刻度表示一个时间单位，一般用年、季或月表示。$0 \sim n$ 整个横轴为系统的寿命周期或计算期。与横轴相连的垂直箭线代表不同时点的现金流入或现金流出。在横轴上方的箭线表示现金流入；在横轴下方的箭线表示现金流出。垂直箭线的长度表示各时点现金流量的大小，需注明现金流量的数值。垂直箭线与时间轴的交点为现金流量发生的时点（即作用点）。

为了进一步反映在计算期内净现金流量的时间价值，可以根据设定的折现率进行折现，计算各年的折现净现金流量，并可以合并计算累计的净现金流量，从而反映建设项目的实际收益情况。

2）现金流量表

现金流量表是现金流量的另一种表现形式。它可以很清晰地表示每年的现金流入与现金流出、净现金流量、累计净现金流量、折现净现金流量、累计折现净现金流量等。表 6-1 为某项目投资现金流量表。

某项目投资现金流量表（万元）   表 6-1

| 序号 | 项目 | 建设期 | 运营期 | | | | | |
		1	2	3	4	5	6	7
1	现金流入	0.00	676.00	720.00	720.00	720.00	720.00	1380.00
1.1	营业收入	—	576.00	720.00	720.00	720.00	720.00	720.00
1.2	补贴收入		100.00	—	—	—	—	—
1.3	回收固定资产余值		—	—	—	—	—	460.00
1.4	回收流动资金		—	—	—	—	—	200.00
2	现金流出	1000.00	574.50	442.50	442.50	480.00	442.50	442.50
2.1	建设投资	1000.00	—	—	—	—	—	—
2.2	流动资金投资		200.00	—	—	—	—	—
2.3	经营成本	—	304.00	380.00	380.00	380.00	380.00	380.00
2.4	维持运营投资		—	—	—	50.00	—	—
2.5	调整所得税	—	70.50	62.50	62.50	50.00	62.50	62.50
3	净现金流量	−1000.00	101.50	277.50	277.50	240.00	277.50	937.50
4	累计净现金流量	−1000.00	−898.50	−621.00	−343.50	−103.50	174.00	1111.50
5	折现系数（基准收益率 10%）	0.9091	0.8264	0.7513	0.6830	0.6209	0.5645	0.5132
6	折现后净现金流	−909.10	83.88	208.49	189.53	149.02	156.65	481.13
7	累计折现净现金流量	−909.10	−825.22	−616.73	−427.20	−278.19	−121.54	359.59

建设项目经济评价时大多采用现金流量表表示项目的现金流，包括项目投资现金流量表、项目资本金现金流量表等。

6.3 工程项目融资

6.3.1 工程项目的资金筹措

1. 资金筹措的内涵及来源

项目建设都需要大量的建设资金，无论使用什么资金都需要研究资金筹措方案，进行融资成本分析，进而开展项目的可行性研究，包括建设项目经济评价等。工程项目的资金筹措是对拟建项目所需投资进行的自有资金和借贷资金的筹集。

项目融资包括既有法人融资和新设法人融资。既有法人融资是指建设项目所需的资金来源于既有的法人内部融资、新增资本金和新增债务资金，新增的债务由既有法人来偿还并提供信用担保，这类方式一般适用于扩大生产能力以及建设配套和协作项目。新设法人融资是指由项目发起人组建具有独立法人资格的项目公司，由新建的项目公司承担融资责任和风险，以新建项目的盈利来偿还债务，并以项目资产、未来收益或权益作为融资担保。

建设项目资金来源可分为自有资金和借贷资金。项目的自有资金包括：项目主持者自有资金、国内外协作者自有资金、对国内外发行的股票等；项目借贷资金来源有：国际金融机构贷款、国与国之间的政府贷款、出口信贷、商业信贷、国内的其他贷款，以及对国内外发行的债券等。

当项目自有资金不能满足项目投资所需的时候，需要筹措借贷资金。但对于独立经营的企业来说，筹措借贷资金一般都需要有一定的自有资金作基础，以减少借贷资金的风险性。

2. 项目资本金

项目资本金是建设项目总投资中由投资者认缴的投资额，项目资本金是非债务资金，因此，项目法人不承担其利息与债务。投资者以资本金的出资额度或比例享受所有者权益。项目资本金按出资协议一次认缴，并根据资金投入计划和项目建设进度按比例逐年到位，一般不得中途停止投入或抽回资金，但可以按出资协议进行权益转让。

项目资本金的来源主要是货币资金，也可以以土地使用权、实物、知识产权等方式作价出资。

对固定资产投资项目我国实行资本金制度，是促进有效投资、防范风险的重要政策工具，是深化投融资体制改革、优化投资供给结构的重要手段。国家对项目资本金实行严格的管理制度，相关规定有：一是以知识产权作价出资，除个别高新技术成果有特别规定以外，其所占的比例一般不得超过项目资本金总额的20%；二是国家规定项目资本金不得低于项目总投资的一定比例。根据《国务院关于调整和完善固定资产投资项目资本金制度的通知》（国发〔2015〕51号）和《关于加强固定资产投资项目资本金管理的通知》（国发〔2019〕26号）等最新文件规定，各行业固定资产投资项目的最低资本金比例按以下规定执行。

（1）城市和交通基础设施项目：城市轨道交通项目为20%，港口、沿海及内河航运项目为20%，机场项目为25%，铁路、公路项目为20%；

（2）房地产开发项目：保障性住房和普通商品住房项目为20%，其他项目为25%；

（3）产能过剩行业项目：钢铁、电解铝项目为40%，水泥项目为35%，煤炭、电石、铁合金、烧碱、焦炭、黄磷、多晶硅项目为30%；

（4）其他工业项目：玉米深加工项目为20%，化肥（钾肥除外）项目为25%，电力等其他项目为20%。

另外，城市地下综合管廊、城市停车场项目，以及经国务院批准的核电站等重大建设项目，可以在规定的最低资本金比例基础上适当降低。公路（含政府收费公路）、铁路、城建、物流、生态环保、社会民生等领域的补短板基础设施项目，在投资回报机制明确、收益可靠、风险可控的前提下，可以适当降低项目最低资本金比例，但下调不得超过 5 个百分点。

资本金的计算基数是建设项目概算总资金，即项目固定资产投资与铺底流动资金之和。

6.3.2　工程项目的资金成本

1. 项目资金成本及其构成

资金成本是指企业为筹集和使用资金而付出的代价。资金成本一般包括筹集成本和使用成本两部分。资金筹集成本是指在资金筹集过程中所支付的各项费用，如发行股票或债券所支付的印刷费、发行手续费、律师费、资信评估费、担保费、广告费等。资金使用成本是指因占用资金而支付的费用，主要包括支付给股东的红利与股息、支付给债权人的利息及相关费用。

2. 资金成本的计算

资金成本的表示方法有两种，即绝对数表示方法和相对数表示方法。绝对数表示方法是指为筹集和使用资本到底付出了多少费用。相对数表示方法则是通过资金成本率来表示，用每年的资金使用费用与筹得的资金净额（筹资金额与筹资费用之差）之间的比率来定义。资金成本率的计算公式为：

$$K=\frac{D}{P-F} \tag{6-3}$$

或

$$K=\frac{D}{P(1-f)} \tag{6-4}$$

式中　K——资金成本率（一般也可称为资金成本）；

P——筹资资金总额；

D——使用费；

F——筹资费；

f——筹资费费率（即筹资费占筹资资金总额的比率）。

项目的资金使用成本过高会导致项目的投资收益下降，因此要高度重视项目的资金使用成本。特别是建设项目在建设期被延长、投资估算不准确、物价上涨、生产初期达成率低的情况下，项目的资金流会出现负值，这种情况下要考虑短期融资（借贷），会造成更高的资金使用成本，导致项目预期收益大幅下降。

6.3.3　项目融资的主要方式

项目融资的方式是指对于某类具有共同特征的投资项目，项目发起人或投资者在进行投融资设计时可以效仿并重复运用的操作方案。伴随工程实践的发展，一系列新型融资模式陆续出现，如 BOT（Build-Operate-Transfer，建设—运营—移交）、PFI（Private-Finance-Initiative，私人主导融资）、PPP（Public-Private-Partnership，公私伙伴关系）、TOT（Transfer-Operate-Transfer，移交—运营—移交）、ABS（Asset-Backed Securitization，资产证券化）等模式。

BOT、PFI、PPP 都是采取由社会资本来负责或承担大部分项目融资的方式，实现了资源在项目全寿命周期的优化配置。ABS 是将缺乏流动性但能产生可预见的、稳定的现金流量的资产归集起来，通过结构化金融技术，将其转变为在金融市场上可以出售和流通的证券过程。公募 REITs（Real Estate Investment Trust，房地产信托投资基金）架构下，ABS 可以理解为公募基金所持有的底层资产。通过公募 REITs 的发行，投资者参与基础设施项目的门槛进一步降低，可以允许更多的投资者分享基础设施 ABS 项目的红利。

工程造价专业人员应加强对项目融资模式的认知与研究，并在工程实践中积极加以应用。

6.3.4　建设期利息的计算

建设期利息是指在建设期内发生的为工程项目筹措资金的融资费用及债务资金利息。建设期利息的计算，应根据建设期资金用款计划，可按当年借款在当年年中支用考虑，即当年借款按半年计息，上年借款按全年计息。在贷款的利息计算中，年利率应综合考虑贷款协议中向贷款方加收的手续费、管理费、承诺费、担保费等因素进行确定。

6.4　工程项目经济评价

工程项目经济评价是项目可行性研究的重要组成部分，也是决策者和投资者最关心的内容，它对提高工程项目投资科学决策水平、规避投资风险、发挥投资效益，以及研究投资及经营策略都具有重要意义。

6.4.1　工程项目经济评价的内容

工程项目经济评价包括财务分析和经济分析。

（1）财务分析。财务分析是从项目的角度出发，基于现行的财税制度、投入与产出物的价格调查分析，计算建设项目的财务效益与费用，进而分析项目的财务盈利能力和清偿能力，评价建设项目的财务可行性。财务分析又称财务评价。

（2）经济分析。经济分析是从项目对国民经济整体利益的角度，通过投入与产出物的影子价格等国民经济评价的重要参数，计算项目对国民经济的贡献，分析项目的经济效率、效果和对社会的影响，评价项目在宏观经济上的合理性。经济分析又称国民经济评价。

　　财务评价与国民经济评价既有联系，也有区别。其经济分析原理是一致的，财务评价可以作为国民经济评价的重要基础和依据，国民经济评价是财务评价的前提。但是，两种评价的出发点和目的不同，导致其参数、价格的取定，费用和效益的组成有所不同。除涉及国家安全、国土开发、产品价格非市场化，以及对区域发展有重大影响的工程外，常规的建设项目一般只进行财务评价。

6.4.2　工程项目财务评价步骤和内容

1. 工程项目财务评价的步骤

　　工程项目财务评价要经过评价基础数据准备、融资前分析和融资后分析三个步骤。

　　（1）基础数据准备。确定项目财务评价的基础数据，包括建设投资、营业收入、经营成本、流动资金等。

　　（2）融资前分析。通过对融资前项目的现金流量分析，分析项目的财务评价指标，判断项目的投资效益。

　　（3）融资后分析。通过对融资后项目的借贷资金成本的分析，计算建设期利息和项目经营期的还本付息额，并通过对项目资本金的现金流量分析、各投资方现金流量分析，分别对项目法人和各投资方的投资效益进行分析。财务评价的流程如图6-2所示。

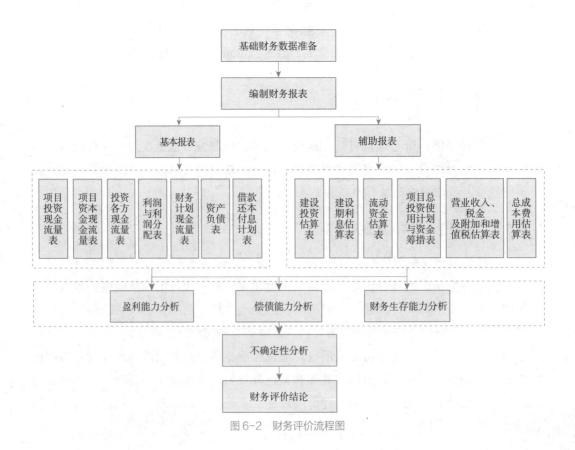

图6-2　财务评价流程图

2. 工程项目财务评价的主要工作内容

（1）确定财务评价的基础数据。营业收入，包括项目运营期各年的达产率、各品种的销售量与销售单价；财政补贴或其他收入；项目总投资及构成、投资计划，包括建设投资、建设期利息、流动资金，各年度的投资使用计划等；项目资本金及其出资方式等；项目借贷资金及其还本付息和使用计划；项目总成本、经营成本及其构成，包括外购原燃材料及动力费、工资及福利费、修理费、折旧费、摊销费、财务费用、销售费用及其他费用；运维阶段的投资，如设备更新改造费用、生产规模扩大费用等；税金，包括增值税、消费税、资源税、城市维护建设税及教育费附加等。

（2）确定财务评价参数。主要是行业的基准收益率、基准投资回收期、投资利润率、资本金内部收益率等。

（3）编制财务评价报表，计算财务评价指标。编制财务报表，包括建设项目投资估算表、资金来源与运用表、借款还本付息计划表、总成本费用估算表、全部投资现金流量表、资本金现金流量表、资产负债表、损益表等。通过这些报表获取财务评价指标的基础数据。

（4）进行财务效益分析。利用财务评价报表和计算的财务评价指标，进行项目的盈利能力和借款偿还能力分析。

（5）进行不确定性分析。包括盈亏平衡分析、敏感性分析与风险分析。盈亏平衡分析是研究工程项目产品成本费用、产品销量与盈利平衡关系的方法。如达产率达到多少时项目开始盈利，这个达产率及其对应的生产能力、销售收入即为盈亏平衡点。敏感性分析是研究建设项目主要经济因素发生变化时，导致项目经济效果指标发生的相应变化量，以找出影响项目经济效果的敏感因素，确定其敏感程度。一般而言，产品的销售价格、主要原材料价格、项目投资、产品的产量（包括达产率和成品率）、贷款利率都可能成为项目经济效果的敏感因素。对于一个拟建项目或在建工程而言，项目的风险多具有不确定性，风险分析就是要识别和预测风险，并设计和选择合适的方案来控制风险。风险分析一般包括风险识别、风险估计、风险评价、风险决策和风险应对等工作过程。

6.5　价值工程

6.5.1　价值工程的基本概念

价值工程（Value Engineering，VE）是指以提高产品的价值为目的，通过有组织的创造性活动，力求以最低的寿命周期成本，实现产品使用所要求的必要功能的一种管理技术。又称功能成本分析或价值分析（Value Analysis，VA）。

价值工程广泛用于产品制造、工程建设等领域，它强调通过各专业人员密切配合，进行创意性的功能分析，来合理地满足使用者对产品或建筑物的需求，并在满足功能的基础上充分考虑寿命周期成本最低。其实，任何一个产品或建筑物的价值工程实施，不仅优化了产品和建筑本身，带来价值的提升，同时，通过不同专业人士的创意性工作，还会产生巨大的科技创新价值。例如，日本公司在进行蒸汽微波炉研发时，就产生了数百项的技术专利。

价值工程包括价值、功能和寿命周期成本三个基本要素，其基本思想是以最少的费用获得所需要的功能，以及以提高工业企业的经济效益为主要目标，促进老产品的改造和新产品的开发。价值工程更适合复杂的建设工程的价值管理，尤其是在决策和设计阶段，多用于设计方案的优化。

价值工程中的"价值"是指产品的功能（或效用）与获得此种功能所支出的成本（或费用）的比值。

价值工程中的"功能"是指价值工程中的分析对象能够满足某种要求的一种属性。具体地，功能就是用途与效用。功能一般分为基本功能与辅助功能，按照功能性质和特点分类，又分为使用功能和品位功能，开展价值工程功能分析时，一般分为必要功能、不必要功能、不足功能和过剩功能。

价值工程中的"成本"是指产品的寿命周期成本，产品的寿命周期成本由生产成本和使用及维护成本组成。产品生产成本包括产品的构思、研究、设计、生产、销售等费用，以及税收和利润等。产品使用及维护成本包括使用中的能耗费用、维修费用、人工费用、管理费用以及报废拆除费用等。

6.5.2 价值工程的基本原理

1. 价值基本原理

价值工程的价值是一个相对概念，是研究对象的比较价值，而不是研究对象的使用价值或经济价值，它是作为评价事物有效程度的一种尺度而提出的。价值工程中的价值、功能、寿命周期成本三者关系的数学表达式为：

$$V = \frac{F}{C} \tag{6-5}$$

式中　　V——研究对象的价值；

F——研究对象的功能；

C——研究对象的成本，即寿命周期成本。

2. 提高价值的途径

根据价值工程的基本原理 $V=F/C$，价值工程以提高产品价值为目的，即通过改进设计，以更少的成本，更充分地实现用户（或产品）所需要的功能。因此，企业应当深入分析、研究产品功能与成本的最佳匹配，在工程设计时，要认真研究提高价值的有效途径。价值工程提高产品价值的途径有以下五种：

（1）在提高产品功能的同时，又降低产品成本，这是提高价值最为理想的途径。即 $F\uparrow$、$C\downarrow$、$V\uparrow$。

（2）在产品成本不变的条件下，通过提高产品的功能，来提高价值。即 $F\uparrow$、$C\rightarrow$、$V\uparrow$。

（3）在保持产品功能不变的前提下，通过降低产品的寿命周期成本，来提高价值。即 $F\rightarrow$、$C\downarrow$、$V\uparrow$。

（4）在较大幅度提高产品功能的前提下，通过较少提高产品成本，来提高价值。即 $F\uparrow\uparrow$、$C\uparrow$、$V\uparrow$。

（5）在产品功能略有下降的情况下，通过产品成本的大幅度降低，来提高价值。即 $F\downarrow$、$C\downarrow\downarrow$、$V\uparrow$。

6.5.3 价值工程的工作程序

价值工程一般的工作程序是发现问题→分析问题→解决问题，一般分为准备、分析、创新、实施与评价四个阶段。其工作步骤实质上就是针对产品功能和成本提出问题、分析问题和解决问题的过程，见表6-2。

价值工程的工作程序 表 6-2

过程	工作阶段	工作步骤	对应问题
发现问题	准备阶段	·对象选择 ·组成工作小组 ·制订工作计划	·价值工程的研究对象是什么 ·围绕价值工程对象需要做哪些准备工作
分析问题	分析阶段	·收集整理资料 ·功能定义 ·功能整理 ·功能评价	·价值工程对象的功能是什么 ·价值工程对象的成本是多少 ·价值工程对象的价值如何
解决问题	创新阶段	·方案创造 ·方案评价 ·提案编写	·有无其他方法可以实现同样功能 ·新方案的成本是多少 ·新方案能否满足要求
	方案实施 与评价阶段	·方案审批 ·方案实施 ·成果评价	·如何保证新方案的实施 ·价值工程活动的效果如何

价值工程作为一种简单、有效而成熟的技术经济分析方法，在许多工程上已经得到了较好的应用。特别是针对设计方案和施工方案，可以通过价值工程进行优化，在不影响功能和工程可靠性的前提下消除冗余功能，降低工程造价。价值工程的核心是对产品或工程进行功能的系统分析，进而进行方案改进、创新等，研究和选择最优的工程方案。这些知识将在工程经济专业课上进行系统而深入的学习。

复习思考题

1. 简述提高工程经济活动效果的主要途径。

2. 简述工程项目经济分析的基本步骤。

3. 资金时间价值的影响因素有哪些？

4. 已知某高速公路建设投资中有银行贷款 25 亿元，年利率 4%，10 年后一次结清贷款，按复利法计算应偿还银行贷款的本利和是多少？

5. 工程项目融资包括哪些类别？

6. 什么是项目资本金？项目资本金的来源有哪些？

7. 简述工程项目财务评价的步骤。

8. 什么是价值工程？价值工程的基本要素有哪些？提高价值的途径有哪些？

第 7 章

现代工程造价管理方法

【教学提示】

　　本章是对现代工程造价管理的概述性学习，目的是通过了解国际上先进的工程造价管理的理论与方法，借鉴国内外先进的工程造价管理的实践经验，正确把握工程造价管理的发展方向。

7.1　现代工程造价管理综述

随着管理科学与工程学科理论的发展，以及计算机和信息技术、现代智能制造、共享经济等先进管理理念和生产经验的出现，国际上先进的项目管理技术不断在工程建设领域得到应用，也促进了工程建设的大型化、规模化、工业化、国际化和信息化。工程造价管理的理念、方法、技术与工具也呈现出了新的发展趋势。

7.1.1　全寿命周期造价管理

1974 年，A.Goron 在英国皇家特许测量师学会（Royal Institution of Chartered Surveyor，RICS）所主办的《建筑与工料测量》上发表了"3L 概念的经济学"，首次提出了"全寿命周期造价（成本）管理（Life Cycle Costing Management）"的理念，即从建筑方案比较分析的角度，研究在建筑设计中全面考虑工程建造成本和运营维护成本的概念与思想。同时，英国皇家特许测量师学会和特许建筑师协会（RIBA）还组织出版了《建筑全生命周期造价管理指南》。这些代表性的文献创立了建设项目全寿命周期造价管理模式的概念、原理和方法。

此后，美国国家技术与标准协会在《The National Institute of Standards and Technology（NIST）Handbook 135》中将全寿命周期造价（Life Cycle Cost，LCC）定义为：拥有、运营、维护以及拆除建筑物或建筑系统的全部贴现成本。全寿命周期造价管理是从项目策划、设计、建设、运营维护到拆除的全寿命周期角度，进行工程造价（成本）的分析、计划、控制，以达到全寿命周期成本最低的目标。

我国在造价工程师考试教材中也较早地借鉴了全寿命周期工程造价管理的理念，也是我国对建设项目开展可持续研究等的出发点。全寿命周期造价管理的内容将在本章 7.2 节进行部分阐述，也会在以后的《工程造价管理》课程中进行深入讲解。

7.1.2　全面造价管理

1967 年，美国在军事和重大工程领域，从系统工程的理论出发，开始探索"项目造价与工期控制系统的规范"（Cost/Schedule Control System Criterion，C/SCSC），后经反复修订成为现在最新的项目挣值管理（Earned Value Management，EVM）的技术方法，完善了进度和费用控制理论。这种造价与工期集中管理的理论和方法，成为后来全面造价管理模式的主要起源之一。

随后人们从不同的角度去认识工程造价管理的客观规律，进入了以工程造价的过程管理、集成管理和风险管理等为重点的现代工程造价管理的阶段，美国工程造价管理界提出了"全面造价管理"（Total Cost Management，TCM）模式的理论和方法。"全面造价管理"模式是指在整个工程造价管理过程中，通过已获验证的方法和最新的技术去计划和控制全寿命周期耗费的资源、造价（成本）、盈利和风险。

全面造价管理模式强调工程造价管理要考虑建造和运营维护两种成本，要基于活动的管理方法对工程造价进行全过程管理，要求项目利益相关方参与项目造价管理。另外，它还关注质量、工期、安全等全要素对工程造价管理的影响。它涵盖了工程管理的全参与方、全要素和全寿命周期。

7.1.3　标杆管理

标杆管理（Bench Marking）又称基准管理或对标管理，它于20世纪70年代末由美国施乐公司创造，后经美国生产力和质量中心系统化和规范化，定义为：标杆管理是一个系统的、持续性的评估过程，通过不断地将企业流程与世界上居于领先地位的企业相比较，以获得帮助企业改善经营绩效的信息。

标杆管理要经历立标、对标、达标、创标四个环节，前后衔接，形成持续改进、围绕"创建规则"和"标准本身"的不断超越、螺旋上升的良性循环。立标是选择业内外最佳的实践方法，以此作为基准和学习对象，塑造最佳学习样板，该样板可以是某个先进管理模式、某个优秀项目、某个标杆企业，甚至是某个先进个人；对标就是对照标杆进行分析，发现差距，提出改进方法，探索达到或超越标杆水平的方法与途径。达标即改进落实，在实践中达到标杆水平或实现改进成效。创标即通过创新和总结，形成超越所立标杆对象的更先进的实践方法，成为新标杆。

标杆管理方法较好地体现了现代知识管理中追求竞争优势的本质特性，具有巨大的实效性和广泛的适用性。目前，标杆管理在市场营销、成本管理、创新研发、项目管理等各个方面得到广泛的应用。我国像海尔、华为、TCL等知名企业也通过采用标杆管理来对标国际先进的管理企业与先进管理模式，并取得了巨大成功。

在工程建设领域可以对标企业层面的企业管理，更重要的是要对标项目层面上的工程造价管理，以及工程设计、工程项目管理等。如，A公司拟建某生产线要对标国外B公司的先进生产线，就是要对标B公司的设计理念、建设标准等。再如，我们要在某地块建立一个新地标，就是要建立一个新标杆，这个标杆不仅应停留在建筑物高度和规模上，更应该把现代建筑的设计、精益建造、绿色和可持续发展理念和经验用在项目上。同时，运用标杆管理，既可以是整个建设项目的对标，也要考虑到是某一单位工程、分部工程的对标。

标杆管理目前在国内工程造价管理领域还没有引起重视。标杆管理法作为成本管理模式中的一种重要理论，可以在工程项目造价管理中运用，特别是在数字信息技术的推动下，BIM、大数据和人工智能技术会越来越成熟，标杆管理法会得到更广泛的应用，前文在工程计价方法方面已经有所论述，特别强调在决策和设计阶段应主要采用标杆管理法（或称类似工程修正法）。在工程设计阶段采用标杆管理进行工程造价的控制，是指在各设计阶段通过收集已建工程资料和数据进行对比分析后，确定拟建工程项目的各项目标成本，包括土地成本、建设成本、管理费用等，并将各目标成本分解落实到相关部门及责任人，进行决策、设计、管理控制。在实施过程中，还要定期对各项成本数据进行动态分析，并与标杆工程造价目标相比较，对出现的偏差通过采取针对性的措施将实际造价控制在目标值之内，达到有效控制工程造价的目的。

7.1.4 集成管理

集成管理（Integration Management）的本质是系统工程的管理思想，是指把建设工程项目的全寿命周期的决策期、实施期和使用期视作一个系统，从项目的整体利益出发进行管理。它对现代大型、复杂、系列、相互关联的工程项目，进行系统性、全局性和综合性的计划与控制具有显著效果。集成管理突出了一体化的整合思想，管理对象的重点由传统的人、财、物等资源管理，转变为以科学技术、信息、人才等为主的智力资源管理。提高企业的知识含量，激发知识的潜在效力成为集成管理的主要任务。

集成管理是一种全新的管理理念及方法，其核心就是强调运用集成的思想和理念指导企业的管理行为。美国项目管理学会（PMI）在19世纪70年代末率先提出了项目管理的知识体系（Project Management Body of Knowledge，简称为PMBOK），其在PMBOK Guide 2004版中提出，项目集成管理知识领域包括：在项目全过程中识别、界定、合成、统一、协调项目管理的各种过程。集成管理的主要内容包括：组织集成、过程集成、要素集成和信息集成等。

组织集成是集成管理的重要基础。组织集成即项目业主、设计单位、承包商、咨询单位、运营方，以及政府主管部门等工程建设的参与方和利益相关方应建立集成化的组织系统，建立工作流程和责任体系，使具有各自利益的各参与方最大限度地服务于项目目标。首先，要在合同体系上促进工程建设项目各参与方利益一体化，以及各自的任务、职责、配合、互利措施等，使负责项目生命周期中某一阶段或某一项工作的各方有机会、有动力参与其他方的工作，促进相关各方的交流和合作。其次，集成管理特别适合多项目或复杂项目的管理集成，集成管理要确保企业和项目信息的快速流动，客户需要各方面的变动信息迅速被传达和反馈，各参与方及时实现信息更新，形成高效的信息交互和反馈机制，现代化的数字技术、共享经济和平台也将助力项目的组织集成。

过程集成是指从规划、决策、设计、交易、实施到运营等全寿命周期的建设项目全过程角度出发来实现建设工程项目全寿命周期各阶段管理的一体化。传统建设管理模式中，决策、设计、交易、施工和运维五个阶段在工作目标、工作内容、工作重点、工作深度等方面不尽相同，使项目管理的整体目标发生离散甚至脱节。如某个咨询企业如果服务于工程量清单后招标控制价的编制，其工作的内容或许不是建设项目的全部工作内容，如果孤立地让其进行这部分工作，有可能其并不关心投资估算和设计概算的控制目标，也可能不太关心、关注下一步工程进度款的拨付和工程结算是否会出现难以控制等问题。这就要求从全寿命周期的过程管理角度，打破时间界面，通过有效的信息传递，既要实现五个阶段工作的各自侧重，也要使得各阶段的管理目标有机地结合起来，建立全过程一体化的系统管理框架。

要素集成是指将建设项目成本、工期、质量、范围、环境等各工程项目管理要素进行综合性、整体性、最优价值性的计划与控制，实现工程项目管理目标和管理内容的一体化。项目管理内容包括：组织管理、合同管理、工期管理、成本管理、质量管理、环境管理、风险管理、信息和档案管理等。这些内容之间既是相互联系、也是相互制约的，如工期、质量与成本的关系，过于压缩工期会造成质量隐患，也会使成本上升，过于延长工期也会造成管理费上升，也是不利的，这就需要综合各因素寻求最优的方案，在总的目标要求下，综合考虑最优价值。在这些目标和管理内容发生冲突时就要平衡最主要项目的管理目标，牺牲和降低其他方面的目标达成度。如某亚运会工程，因开工时间较晚，必须在某时间交付，这就要在工程进度上采取赶工措施，但必须满足主要功能的质量要求，可以使用临时性的措施先满足使用功能要求，会后再进行永久性改造，同时，要增加相应的施工措施费用，以及夜间施工的赶工费、交叉作业的降效费用。

信息集成是指要建立工程项目管理信息集成系统，用现代信息技术来建立信息共享机制，实现工程项目组织间各阶段信息的共享。首先，要建立以知识和信息为基础的工程项目的信息管理平台或可交互子系统，促进项目有关信息的共享，培养项目组成员间构建信息的共享环境，并自动积累各自应交付的成果信息，提高项目各参与方信息获取的效率与便利性，以便将项目信息积累，逐渐成为自成长的知识资源。其次，在集成管理的方法与手段上，一是要采用计算机技术、互联网通信技术、云存储技术，实现高效协同；二是要采用自动化的数据分析和处理技术，实现数据共享和资源化，发挥好集成管理效益；三是要利用人工智能、智慧工地、电子商务等获取现场的真实数据；四是要使用系统化管理软件，实现项目工具软件、数据信息与系统管理的高度契合，实现工程项目的集成管理。

7.1.5　信息与知识管理

社会学家玛格丽特将人类社会划分为三个阶段：第一阶段是"前喻文化"，即晚辈主要向长辈学习；第二阶段是"并喻文化"，长辈和晚辈的学习发生在同辈人中；第三阶段是"后喻文化"，即长辈反过来向晚辈学习。"后喻文化"的出现，是因为科技革命，尤其是数字技术的发展，社会结构发生了巨大变化。随着数字技术的催生和演进，人类将进入下一阶段——"机喻文化"，这时人需要向智能机器学习。数字信息化技术的高速发展，为我国工程造价领域带来了新的发展机遇，整个造价行业应当积极尝试造价数字化的转型和改革，积极引入数字与智能技术，并通过搭建完善的制度，实现新技术的有效运用和落实，而DIKW体系的构建，为工程造价转型发展，特别是信息管理和知识管理提供了参考和模型。

DIKW 模型（Data-to-Information-to-Knowledge-to-Wisdom Model）是阐释数据（Data）、信息（Information）、知识（Knowledge）和智慧（Wisdom）之间关系的模型，这个模型展示了数据一步步转化为信息、知识乃至智慧的方式。

data：可以是数字、文字、符号、图像、语音等。

information：通过一些方式，将数据进行组织和处理，这样数据才具有意义，这就是信息。

knowledge：对于信息的集合，使信息变得更有用，更好地传递给人类使用。

wisdom：当人类拥有并掌握了这个知识，进行计算、加工、优化，就成了人工智能的基础，使人类变得更加智慧。

DIKW 模型是一个经典的金字塔结构模型（图 7-1），展示了知识管理的几个层次，字面意思并不难理解，下面用一个天气预报的例子来解释一下：

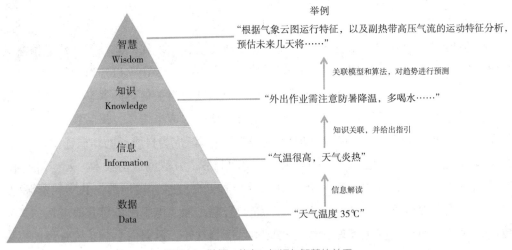

图 7-1　数据、信息、知识与智慧的关系

比如，当我们说："今天天气温度 35℃"——35℃，对应数据层，35℃的气温，意味着什么，需要我们去解读。

接下来，我们说："气温很高，天气炎热"——这是对 35℃这个数据的信息解读，所以，这里对应着信息层面，但有了这个信息要怎么做呢？

更进一步："外出作业需注意防暑降温，选择荫凉的地方作业，并可服食 ×× 降温产品"——这是基于天气炎热的信息，给予我们一定的指引和行动方案，背后其实有着相关防暑降温知识体系的支撑，所以对应着知识层面。

最后，"根据气象云图数据，以及副热带高压气流的运动特征分析，预计未来几天还将持续为高温天气，建议……"——这里就对应着智慧层面，根据气象云图，根据数据分析模型，对气象变化进行预测，帮助你更好地应对可能的变化，提前做好应对准备；这句话看似简单，但要实现真正的预测，背后需要模型、算法等的支撑。

数据的特点是最原始、原生态，没有经过任何加工，数据质量往往参差不齐，单纯数据本身没有特别大的意义，所以希望把数据转化成信息，这个转化过程要对数据进行组织、处理和相关性分析，之后就形成信息。信息相比数据有了一定的意义，有了一定的价值，有了一定的组织形式，信息能够回答一些简单的问题，比如谁什么时候做了什么事情。知识是在对信息进行了筛选、综合、分析等过程之后产生的。它不是信息的简单累加，往往还需要加入基于以往的经验所作的判断。因此，知识可以解决较为复杂的问题，可以回答"如何（Why）？"的问题，能够积极地指导任务的执行和管理，进行决策和解决问题（How to）。智慧是在知识基础之上，通过经验、阅历积累，试图理解过去未曾理解或未尝试过的事务，形成对事物的深刻洞察以及对事物未来发展具有启示性、前瞻性的看法，体现为一种卓越的判断力，解决"知最优"（What is best）的问题，而智慧的应用又可以指导生产新的数据。

毫无疑问，我们已经生活在信息和知识管理的环境当中。每时每刻，我们身边都充满了各种各样的数据。但只有将这些杂乱无章的数据转换为信息和知识，才能帮助我们作出正确的选择。

工程造价信息是一切有关工程造价的特征、状态及其变动的信息的组合，工程造价信息管理有其目的、内容、特点。工程造价信息管理包括信息的收集、加工整理、储存、传递与运用等一系列工作，其目的是通过有组织的信息流通，使决策者能及时、准确地获得相应的信息。工程造价知识管理将项目组织所拥有的和新获得的与工程、造价知识有关的资源进行分析、整合，使其系统化，进而合理地运用知识，并创造出新知识的过程，使知识在项目与企业内部得以流通，实现知识的共享，从而满足客户、项目参与者、社会等多方需求。

通过信息与知识管理有利于最终实现工程造价的精细化管理。精细化管理（Delicacy Management）是指通过规则的系统化和细化，运用程序化、标准化、数据和信息化的手段，使组织管理各单元精确、高效、协同和持续运行。工程造价精细化管理的原则可以用"精、准、细、严"四个字来概括。精：是指不论产品还是管理工作都要求做到精益求精，追求最优最佳；准：能按照准确的计划和指令、准确的信息与计量，保证各项工作环节对接准确，工作方法正确；细：工作的内容条款细化，管理特别是执行实现细化；严：严格控制预算偏差，执行预算标准和制度。

数字化、智能化已经成为工程建设行业的主要发展趋势。未来的造价工程师，要努力与相关领域的专业人员共同构建数据库和造价算法，提升数据处理能力，例如：造价工程师应具有项目成本编制或企业定额编制的能力，编制造价指标的能力，多角度分析造价指标的能力，指导优化设计方案的能力。造价工程师当可以以更快的速度，得到更多维度、更大量级数据的时候，才会拥有更多的信息、知识、智慧。

7.2　我国的全面造价管理

借鉴国际先进的工程管理经验，是我国把握工程造价管理的发展方向，补足短板，促进我国工程造价管理高质量发展的基础。我国工程造价管理存在的主要问题包括：对全过程工程造价管理重视程度不够，没有关注各管理要素对工程造价的影响，工程造价管理缺乏准确的数据支撑，工程实践中大多没有关注全寿命周期的项目价值与风险。

我国工程量清单计价制度实施以后，特别是 2010 年我国开始大力推广全过程工程造价咨询以来，我们也深感我国工程造价管理的理论仍明显不足。2012 年中国建设工程造价管理协会委托北京交通大学刘伊生教授开展了"建设工程全面造价管理"课题研究。课题从建设工程全面造价管理模式、制度、组织建设、队伍建设等方面开展了研究，促进了建设工程全面造价管理在我国工程建设领域的发展与实践。结合国际上先进的工程造价管理的理论与方法，以及我国近年来现代工程造价管理的实践，笔者认为我国的建设工程全面造价管理体系应着重关注全方位、全过程、全要素、全寿命周期四个维度。我国建设工程全面造价管理体系构成如图 7-2 所示。

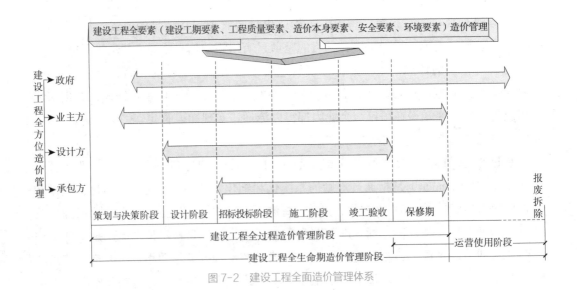

图 7-2　建设工程全面造价管理体系

7.2.1　全方位工程造价管理

建设项目的主要参与者有政府建设主管部门、业主方、承包方、设计方、咨询方等。他们在项目中都有各自的利益，是不同的利益主体，且利益存在着相互矛盾，使得工程造价管理过程存在着不同利益主体间的利益冲突和沟通障碍等许多问题。为了使不同利益主体能够形成一个统一的整体去开展工程建设的全面造价管理，就必须建立一套各方利益主体对工程造价的协同工作机理——全方位工程造价管理。

1. 全面造价管理的全方位主体

由政府、业主方、承包方、设计方、咨询方等各方的造价管理联合构成的全方位造价管理，利用组织之间相互制约、相互促进的关系，信息传递模式以及各种合同关系，使参与工程建设的各方在全面造价管理体系中发挥功效，成为具有主观能动性的造价管理主体，是建设工程全面造价管理工作的根本保障。

2. 全方位造价管理体系中的主体关系

在全面造价管理体系中，政府工程造价管理部门处于工程造价最高监督者的地位，对业主方、设计方、承包方、咨询方造价管理活动进行监督管理。同时，业主方作为项目的拥有者和委托方，对项目的设计方、承包方采用限额设计及合同管理等方式进行造价管理。设计方的施工图预算以及施工期间的设计变更等对承包方的造价管理也起到了约束作用等。咨询方作为业主的工程顾问，可以进行综合或专项业务的咨询服务，通过合同关系确立起顾问的内容、权利、义务与责任等，其服务质量受合同约束，也受业主监管。

全方位造价管理中，由于参建各方关注点的不同，对工程造价管理的侧重点也就有所不同。在各方利益主体中，政府主要进行宏观调控，并为项目的各利益主体提供信息服务，通过对工程造价活动的监督检查，约束工程造价管理各方的价格行为，维护市场价格秩序。业主方作为项目的投资者总是希望在获得满意的服务、实现既定目标的前提下，尽量降低造价。而其他成员都是各种不同服务的提供者，是通过服务来获取收益的一方，他们希望以较高的价格去获得合同。业主方与服务提供方——承包方、设计方的利益是存在矛盾的。从表面上看，如果一方获得更高资金收益，另一方就会有更多支出，即一方的利益获得是以另一方的损失为前提的，但实际上，最终的结果通常会牺牲双方的利益。其实，建设项目各方在共同合作的基础上，通过全面的造价管理信息沟通，就可以大大降低工程造价，从而使各方都获得收益。

3. 全方位造价管理的组织和程序

全方位造价管理，要求工程项目各方主体围绕一个共同的工程造价目标开展工作，而指导工作开展需要一些必要的支持性文件，包括可以作为总纲领的《全方位造价管理协议书》，首次全方位造价管理工作会议上所制定的《全方位造价管理目标说明书》《全方位造价管理沟通方式与程序说明书》《全方位造价管理问题与冲突解决方法与程序说明书》以及每一次定期协调会议上形成的会议纪要等。有了这些文件作为开展工作的依据后，造价管理各方还应做好日常的沟通交流工作，这样才能更好地开展全方位造价管理工作。要做好这种日常的交流工作可以是造价各方进行每日的沟通，或者是设计一种问询记录单，把项目各方所关心的涉及造价的主要问题按重要程度列出来，并标上问题答复的要求期限，再发放给相关各方。收到造价询问单的各方应由其主要负责人对其进行回答，并签署答复人的姓名和答复时间反馈给问询单发出方。造价管理的日常工作是开展全方位造价管理的基础，只有认真做好它，才能实现全方位造价管理的目标。全方位造价管理程序如图7-3所示。

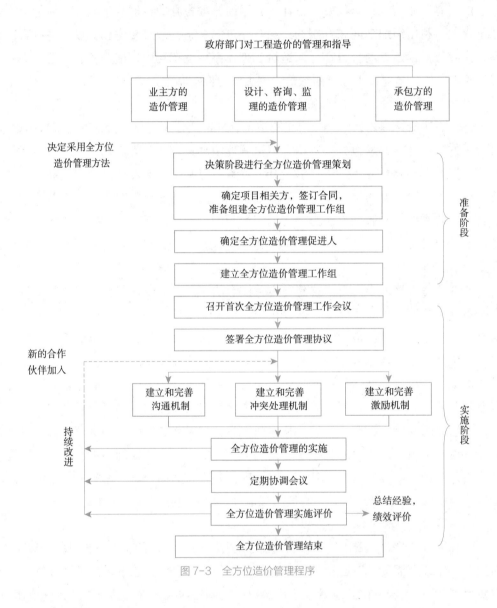

图7-3　全方位造价管理程序

全方位工程造价管理有利于建立工程建设各方的信任，增加各自的信誉。在全方位工程造价管理活动结束后，合作促进人还应召集各方造价管理代表举行一个总结会议，通过与传统的合同管理方法的对比，来总结全方位工程造价管理的经验和不足。与传统的工程造价管理方式相比，全方位工程造价管理的方法既可以保持分工的效率，又可以获得合作的好处，项目的工程变更、争议与工程索赔费用较传统合同管理方式均可以有大幅度的减少，客户对工程质量的满意程度也会大幅度提高。

7.2.2 全过程造价管理

1. 全过程造价管理的核心理念

1988 年，国家计委《关于控制建设工程造价的若干规定》（计标［1988］30 号）提出了"为了有效地控制工程造价，必须建立健全包括投资主管单位及建设、设计、施工等各有关单位的全过程造价控制责任制"的管理思想和模式。2009 年，中国建设工程造价管理协会在深入研究和部分企业实践的基础上发布了《建设项目全过程造价咨询规程》CECA/4—2009，目的是在我国全面推广全过程造价管理咨询业务。这一规程的发布推动了我国全过程工程造价管理咨询实践的开展，对中国工程造价咨询业的发展起到了积极的促进作用。

《建设项目全过程造价咨询规程》提出的全过程造价管理咨询任务是：依据国家有关法律、法规和建设行政主管部门的有关规定，通过对建设项目各阶段的工程计价，实施以工程造价管理为核心的全面项目管理，要以合同管理为前提，以事前控制为重点，以准确的工程计量计价为基础，并通过优化设计、风险控制等手段，实现整个建设项目工程造价的有效控制与调整，缩小投资偏差，控制投资风险，协助建设单位进行建设投资的合理筹措与投入，确保工程造价的控制目标得以实现，如图 7-4 所示。

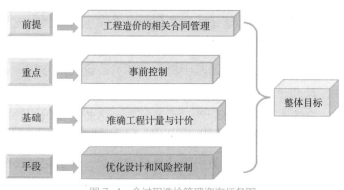

图 7-4 全过程造价管理咨询任务图

因建设项目各阶段工程管理的目的不同，建设项目在不同的阶段有不同的工作内容和工作重点。工程计价是一个不断深化的过程，随着工程设计从方案到具体，工程建设从抽象到实体，工程计价也是从工程估价到工程结算核定的过程，在工程交易前是工程估价；在工程交易阶段则进行工程价格博弈；在工程的竣工结算阶段则是依据合同对工程造价进行最终核定。因此，要围绕各阶段工程造价的确定与控制要点准确把握工作内容。只有实施全过程造价管理，才能够实现工程建设各阶段工程设计成果与工程计价成果的有效衔接，做好各阶段工程造价的有效控制，使工程概算不超过投资估算，工程预算、合同价以及竣工结算不超过工程概算，实现工程造价的有效控制，体现工程造价管理的有效性。建设工程各阶段与全过程工程造价管理的关系如

图 7-5 所示。总之，全过程造价管理强调工程造价管理是对于工程项目整个实现过程的全面造价管理，强调从工程建设的投资决策至竣工验收的全过程均存在工程造价的计价与控制工作。

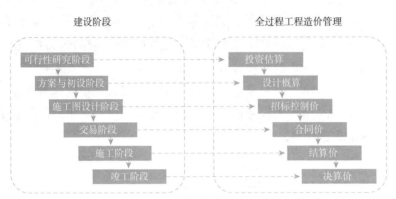

建设阶段　　　　　　　　　　　全过程工程造价管理

可行性研究阶段　　→　投资估算

方案与初设阶段　　→　设计概算

施工图设计阶段　　→　招标控制价

交易阶段　　　　　→　合同价

施工阶段　　　　　→　结算价

竣工阶段　　　　　→　决算价

图 7-5　建设工程各阶段与全过程工程造价管理关系图

全过程造价管理的理念，除了强调"建设项目全过程"外，还有更深入的理解。一个工程项目的全过程造价是由各个分过程和子过程的造价构成的，而这些分过程或子过程的造价又都是由许多具体活动的造价构成的。因此，工程项目全过程的造价管理必须是基于活动与过程的，必须是按照工程项目过程与活动的组成与分解规律去实现对于项目全过程的造价管理。

我国传统的工程造价确定方法是基于资源消耗的造价确定方法。这种方法不是从消耗资源的具体活动和过程进行分析和核算，不是首先从确定项目要开展哪些活动，采取什么样的方式方法去开展这些活动，采取哪些具体的项目组织管理技术，使用哪些先进的施工技术去开展这些活动入手，而是基于工程项目消耗标准定额或消耗统计数据等办法，通过套用定额或比较历史统计数据的办法，来确定项目的资源消耗与造价。但是，项目具体活动、具体活动过程、具体活动的方法与技术手段的不同，却会造成项目资源消耗与占用数量的很大不同，从而会造成工程项目造价的很大区别，所以说一个项目的具体活动或作业，以及具体活动的过程和作业方法是形成项目造价的根本动因，而资源的消耗和占用只是开展项目活动或作业的结果。

基于过程与活动的建设项目全过程造价管理目前还主要是一种成本管理理念，但是它不应仅仅是一种理念，而应当成为一种系统的成本管理方法。这套方法中最重要的是分解和给出一个建设项目的工作分解结构和活动清单，在此基础上才有基于活动的造价确定和控制技术。基于过程与活动的造价管理更像一种企业管理、决策和控制的思想和方法，它是为管理服务的，而不是为反映财务状况使用的。

2. 决策阶段的工程造价管理

工程投资决策阶段是选择与确定建设项目方案的过程，是对拟建项目的必要性和可行性作出技术经济论证的过程，是对不同建设方案进行技术经济比较及作出判断和决定的过程。据有关资料统计，在项目建设的各个阶段中，投资决策阶段所花费的费用很少，一般仅为工程造价的1%~2%，但是影响工程造价的程度最高，可高达80%~90%，如图7-6所示。投资决策的正确与否，直接关系到工程建设的成败，关系到最终工程造价的高低，对投资效果起着决定性的作用，因此加强建设项目投资决策阶段的工程造价管理意义十分重大。

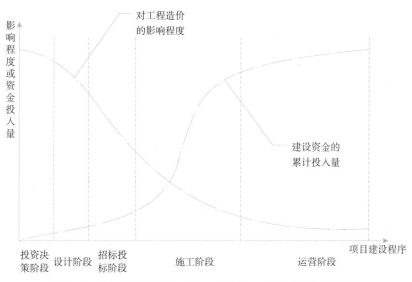

图 7-6 工程建设各阶段资金累计投入量及对工程造价的影响程度

决策阶段工程造价管理的前提是要明确业主的功能需求，这种功能需求，有刚性需求，如建筑面积、设计产量、产品标准；有半刚性需求，如建筑装饰、材料选择；有柔性需求，如建筑造型、视觉感官等，要在满足功能需求的基础上，确定建设规模、建设标准、建设总投资，测算预期效益。决策阶段的工程造价管理流程如图7-7所示。

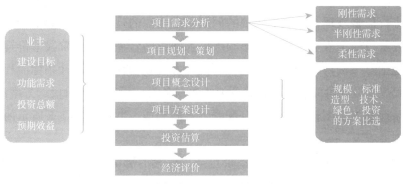

图 7-7 决策阶段的工程造价管理流程图

编制好投资估算，确定工程造价控制目标，准确确定建设标准和技术方案，是实施全过程工程造价管理的前提。决策阶段业主、勘察、设计、咨询等团队，要对各专业的技术方案和选材用料进行详细论证，确保后期工程设计不发生颠覆性调整，提升工程计价的准确性和工程造价管理的有效性。

与此同时，决策阶段也是建设项目风险管理的重点。本阶段风险管理的核心目标是合理确定工程造价，即合理确定投资估算价格，该阶段的投资估算会直接影响到工程投资的准确性，要在明确建设目的和建设目标的前提下，做好建设项目的需求分析与定位，合理地估算工程投资价格。工程项目建设资金筹措方式不合理，会造成建设资金成本的增加或建设中断，间接使得工程造价增加，必须做好项目融资管理，明确资金筹措方式与资金使用计划，控制融资风险。此外，在其他风险控制中，建设单位选址应尽可能多地了解相关地址的地质情况、周边环境、交通情况、区域发展定位等与项目投资有关的信息，设备选型时应充分结合生产的需要。

3. 设计阶段的工程造价管理

建设工程的设计要根据项目可行性研究报告、设计任务书以及与业主方签订的设计合同的要求，按照国家政策和法规，吸收国内外的科学技术成果和生产实践经验，选择最优建设方案，为工程项目提供建设所依据的设计文件和图纸。设计阶段的工程造价管理，要求各参与方按照建设工程的使用功能、规模，工程建设地点的自然地理、社会政治条件，以及原材料供应、技术经济条件等客观情况，综合考虑建设工程生命周期中影响工程造价的全部要素进行工程设计，并且控制其工程概算不超过决策阶段所确定的投资估算，要在决策阶段确定的建设方案、建设标准、功能需求、投资总额的约束下进行工程设计及工程造价的确定与控制。

设计阶段，业主方主要是进一步明确可行性研究所提出的需求，如功能、规模、质量等，并明确工期、资金的使用计划等，然后在咨询单位的配合下，进一步落实和完善设计任务要求，确定设计方案并选择设计单位，签订设计合同。在设计合同的履行过程中，要配合设计单位的工作，明确设计任务，做好工程勘察等，并对设计活动进行监督审查。设计单位的工作是将业主的意图进行落实，包括设计准备、方案设计、初步设计及施工图设计以及在该过程中的成本控制。在整个设计阶段，政府对各方的各项工作进行监督管理，并根据出现的问题制定相应的规章制度来规范设计活动。为了做好设计阶段的工程造价管理，必须严格加强程序管理。设计阶段造价管理的工作流程主要包括总投资目标分析论证流程、设计方案竞赛流程、设计招标流程、限额设计分析流程等。设计阶段工程造价管理要求参与各方在设计准备阶段、方案设计阶段、扩初设计阶段和施工图设计阶段相互配合，共同完成，并遵循图7-8所示的设计阶段工程造价管理流程。

设计阶段对于整个建设工程的造价也产生巨大的影响，设计方案直接影响投资，设计质量间接影响投资，设计方案还影响经常性费用。例如，初步设计基本上决定了

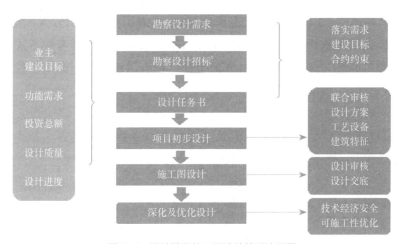

图 7-8　设计阶段的工程造价管理流程图

工程建设的规模、产品方案、结构形式和建筑标准及使用功能，形成的工程概算，确定了工程造价的最高限额。设计质量、深度是否达到国家标准，功能是否满足使用要求，不仅关系到建设工程一次性投资的多少，而且影响到建成交付使用后经济效益的良好发挥，如产品成本、经营费、日常维修费、使用年限内的大修费和部分更新费用的高低，还关系到国家有限资源的合理利用和国家财产以及人民群众生命财产安全等重大问题。

设计阶段的造价管理是建设工程造价管理的决定性环节。工程造价管理要发挥好设计管理的作用，要使工程造价对设计起到重要的制约作用，要认真选择设计单位，明确设计任务书和投资限额，收集整理勘察设计有关基础资料，审核设计文件和工程概算，并把工程概算作为重要控制指标，进行动态管理，为提高投资效益奠定基础。设计阶段要根据建设项目投资估算限额，合理地确定建设项目设计概算和预算额度，并把本阶段作为控制项目工程造价风险的关键源头，要从技术上和经济上全面规划拟建项目，规避设计概算、施工图预算与实际投资偏差过大的风险，真正做到技术与经济的完美结合，体现技术适当先进，经济合理。

4.招标投标阶段的工程造价管理

工程招标投标阶段的工作就是招标人和投标人在尽可能实现自身最大利益的基础上，通过竞争方式确定一个合理的报价，并最终签订合同，获得法律上的确认。通过招标竞争选择承包商，可以使工程价格日趋合理，这将有利于节约投资、提高投资效益，还能够不断降低社会平均劳动消耗水平，从而使工程造价得到有效控制。招标是实现合同管理的手段，其目的是选择最合适的单位来进行工程建设。在工程建设过程中，因各参与方的专业能力不同，应让最有能力实施该工作且最能够识别和管理风险的单位来肩负更大的责任，同时也获取相应的收益。图7-9展示了某工程的工程建设参与各方对风险的控制能力，0~4依次表示承担风险的能力，0表示不能承担风险；

1 表示较难承担风险；2 表示可以承担部分风险；3 表示可以承担较大风险；4 表示最能承担风险。该图仅是一个示意，不同工程、不同参与单位也会有所不同。因此，在招标、合同授予时要充分体现各参与方的责任，用合同做好工程组织、任务分解和风险的合理分担。

风险因素	业主	咨询	设计	监理	施工	备注
质量	2	1	3	4	4	可控
工期	3	2	2	3	4	可控
安全	1	1	1	3	4	部分可控
成本	3	4	3	1	2	可控
环境	1	1	1	1	4	部分可控
需求	4	4	4	0	1	可控
设计	2	3	4	1	0	可控
合约	2	4	0	3	0	可控
通胀	2	2	0	0	0	部分可控
不可抗力	1	2	0	0	0	不可控

图 7-9　工程建设各方对风险的控制能力

　　招标人和受其委托的咨询人应根据项目特点，选择合适的招标方式，以期望获得最理想的工程交易价格，并促进信誉、业绩和履约能力较强的承包商中标，为履约提供保证，确保工程建设的顺利实施。为了做好招标工作，做好工程招标阶段的工程造价管理，工程招标投标阶段造价管理的主要内容应包括：

　　（1）工程交易的合法性与总体策划。包括：工程招标的前提条件是否具备？标段的划分是否合理，各标段是否有效衔接？招标投标程序是否合法、合规、有效，体现竞争性？招标人能否达到招标文件要求的邀约邀请条件、合同签订条件，招标人为承包人提供的条件是否具备？

　　（2）认真编制招标文件和工程量清单。包括：招标文件内容是否全面，范围是否明确？招标文件的组成是否全面，范围是否清晰？其他条款是否符合工程所在地或行业的有关规定，如工期、投标人投标截止时间、投标人资质、评标办法、施工合同专用条款等？合同类别是否合理，条款是否清晰？对于招标文件中的合同形式、有关工程造价管理条款要重点审核，对于人工、材料、机械调价的种类、幅度、风险范围，以及工程结算调整的因素、工程变更、索赔条款要重点关注，对于合同范围以外，以及无综合单价的工程结算方式等条款应进行合理安排。应区分国有和非国有投资项目，编制工程量清单，对于国有投资项目应按照《建设工程工程量清单计价规范》和相应的工程量计算规则的规定进行编制，要求做到工程量计算准确，项目特征描述全面，以防止严重的不平衡报价。

　　（3）做好招标控制价的编制工作。要严格按照工程量清单项目的项目特征和工程数量进行组价，对人、材、机价格要按照《建设工程工程量清单计价规范》的规定计人，认真执行当地建设工程造价管理机构颁发的计价依据。对于暂估价材料、设备按市场价进行合理计入，严格执行按招标文件中规定的投标报价、招标答疑等编制的招标控制价。

（4）做好投标报价的清标工作。建设单位应在开标后、评标前进行清标，审核各投标人是否真正响应招标文件，对投标报价的合理性进行审核，对严重的不平衡报价，错报、漏报、计算错误、围标等现象，及所发现的其他严重问题，以书面形式提交评标委员会质疑，防止合同签订后产生工程纠纷。

（5）合法、合规地签订工程施工合同。依据评标结果，在澄清有关问题的基础上，发出中标通知书，与承包人依法签订工程施工合同，用合同做好工程风险的合理分担，确保施工合同的签订是否合规、真实、有效，合同有关工程造价管理的条款清晰，合同能够顺利履行。

招标投标阶段是风险分解或转移必须关注的重点阶段。施工招标投标是施工实施阶段的前奏，合理地选择适合工程项目的招标方式，编制正确的工程招标控制价，选择最佳施工单位，签订公平合理的合同，为施工期间正常的施工和造价风险控制打下良好的基础，是本阶段风险管理的核心目标。建筑企业在选择建设项目进行投标时应充分估计不同的风险因素，如承包方式的风险、合同风险（包括合同实施后的调价、变更、索赔风险）、价格风险，以及汇率风险。招标投标工作首先要严格执行《中华人民共和国招投标法》等建设法律法规，保证公平竞争性，合同可履行。建设单位应组建由相关专业人员组成的招标机构，组织招标，编制招标文件、招标控制价等，或委托胜任的中介机构完成这项工作并严格管理，确保招标文件、招标控制价、招标程序等的合法性、合规性和合理性。

5. 施工阶段的工程造价管理

施工阶段是资金投入量最大的阶段，由于施工组织设计、工程变更、索赔、工程计量方式的差别以及具体实施中出现不可预见的情况，如预期价格上涨等影响因素，造成工程实施阶段工程造价管理难度大，比较复杂，容易产生各种利益纠纷，因此，施工阶段也是工程造价管理人员投入最多的阶段。加强对工程实施阶段的工程造价管理，处理好影响工程造价的各种环节，对降低工程造价、实现工程管理目标有着非常重要的意义。

建设单位及其委托的工程咨询企业要按照项目管理规律进行施工阶段的工程项目管理，确保项目成功。如图7-10所示，要重点做好：

（1）组织管理。考虑各组织机构、人员配备与全过程工程造价管理的适应性，确保管理清晰，沟通顺畅、专业、协调。

（2）合同管理。把合同管理作为工程造价控制的最有效措施，依法招标，合理确定合同价和调整条款，确保合同合法签订、依法变更，有效履行。

（3）造价管理。做好工程预付款管理、工程计量支付、暂估价设备材料的认价与

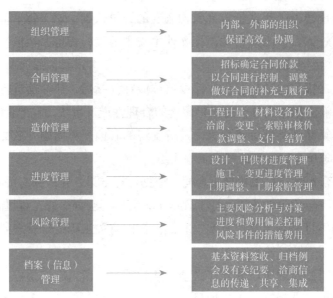

图7-10   施工阶段工程造价管理的主要工作

费用控制，积极处理工程变更与工程索赔，做好工程价款的调整。

（4）进度管理。工程进度与造价工程师的工作是密切相关的，要做好设计的进度管理以及建设单位供应设备材料的计划管理，确保不影响施工，要积极处理进度偏差，做好因工期引发的工期索赔和费用索赔。

（5）风险管理。认真识别和控制各种因素可能引发的风险，并通过合理分担，积极处理各类事件引发的费用偏差，做好风险事件处理的相关费用控制。

（6）信息管理。用信息化的技术手段，做好项目的信息和档案管理，用信息化的技术促进信息的传递、交互、共享，以及项目的集成管理。

施工阶段的主要工作主体是施工企业，施工企业为了实现自身利益最大化，也必须采取有效措施，降低成本，做好施工成本管理。施工项目成本控制应贯穿于施工项目从开始到竣工验收的全过程，它是企业全面成本管理的重要环节，因此，必须明确各级管理组织和各级人员的责任和权限，做到责、权、利相结合，打好成本控制的基础。施工成本控制可按事先控制、事中控制（过程控制）和事后控制分别进行。其中，事中控制最为重要。事前控制进行周密的施工成本计划，在施工组织计划中，依据企业施工定额做好工料计划。事中控制是对成本控制活动的约束，各方责任人要按计划进行施工，并进行施工成本控制，当出现偏差时，及时分析原因，采取纠正和预防措施，对合同外工作要及时提出工程签证和索赔要求。事后控制即在工程结束后，对工程进行全面的竣工结算，按合同要求合理调整工程价款，以获得最大的收益。

施工阶段是使计划的投资转化成实物或固定资产的阶段，控制好施工阶段的风险是工程造价管理的内容之一，它对控制整个项目的工程投资具有重要意义。施工阶段的工程造价风险主要来源于以下方面：工程变更、洽商等不合理致使工程造价增加；未能很好地控制工程索赔，使得工程索赔额增加；施工工期延长致使工程造价增加；施工质量有问题使得工程造价增加；隐蔽工程记录不完善致使工程计量和计价不准确；因人工、材料、机械等费用上涨引起工程造价增加。因此，本阶段风险管理的核心目标是有效控制施工过程中的工程造价变化。在建设项目施工阶段，建设资金投入最大，除了按照合同条款付款外，还可能存在各种额外费用，在确保项目进度和质量目标的前提下，应最大限度地控制工程造价额外费用的发生（如工程变更、工程索赔、意外工程造价风险等）。

6. 竣工阶段的工程造价管理

建设单位及其委托的工程咨询企业，在建设项目竣工阶段工程造价管理的主要工作包括配合项目验收、审核工程竣工结算、编制工程决算文件、进行工程审计，以及进行建设项目绩效评价等。

竣工阶段工程造价管理的关键工作是竣工结算审核，实施全过程工程造价管理的项目一般均形成了工程交易阶段、施工阶段各项工程造价的阶段性成果，审查工程竣工结算时，应充分应用上述成果，按发包、承包双方合同的要求，对其约定需进一步调整的、影响工程造价的因素，进行完整、准确的调整，形成最终的工程造价，出具最终成果文件，撰写工程竣工结算审核报告。工程竣工结算审核可遵循图7-11所示的工作流程。

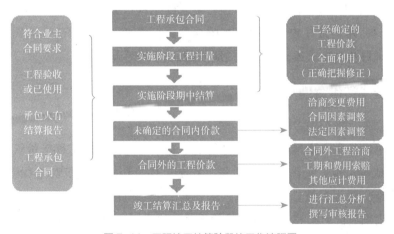

图7-11 工程竣工结算阶段的工作流程图

工程结算审核时重点关注：一是送审工程是否在工程竣工验收合格后进行竣工结算，防止对不合格工程进行竣工结算；二是工程结算是否依据中标价和承包合同规定的工程造价调整的相关条款进行了全面调整；三是工程设计变更和洽商是否全面，尤其要核对设计变更重复和减项、替代工程量，防止漏报工程减少部分；四是暂估价设备、材料价格是否按签认价格计入；五是未施项目是否进行了相应扣减等。

工程竣工阶段，特别是国有投资项目，一般要进行工程审计，工程审计是工程建设监督方对实施工程结果的监督管理。其工作重点，一是工程基本建设程序的合法性和合规性，制度建设及执行情况；二是工程建设立项的合法性，资金来源的合法性、合规性；三是工程招标和合同授予的合法性、合规性、合理性；四是工程合同价款确定与调整的合法性、合规性、合理性、真实性、正确性，工程价款支付的规范性、准确性；五是工程基本建设管理（变更、洽商、签价、现场管理）的科学性、规范性、合理性；六是工程建设目标的达成度，项目投资的绩效评价；七是工程审计主管部门重点关注的其他问题。

工程竣工决算的内容主要包括基本建设项目竣工财务决算报表、竣工财务决算说明书。基本建设项目竣工财务决算报表主要包括：基本建设项目概况表；基本建设项目竣工财务决算表；基本建设项目交付使用资产总表；基本建设项目交付使用资产明细表。竣工决算报告还要对项目建设概况加以说明，并进行工程竣工决算与工程概算的差异和原因的分析。

工程竣工后，建设单位及其投资主管部门，可依据需要进行工程项目后评价或绩效评价。对已运营性项目，对项目的实际运营效果与项目决策时的预期效果进行对比分析，评价决策和运营情况；对非运营性项目，可进行项目投资效果的绩效评价。

竣工阶段也要进行一定的风险控制。建设单位应加强和完善工程造价管理能力和风险管控能力。一是要按照合同要求，检查与参建单位的合同履行情况，交付符合设计要求、合同要求，符合目标预期和运营要求的工程成果，形成完善的工程资料，便于运维管理。二是要做好竣工结算，加强合同履行管理，及时解决工程纠纷并拨付工程款等，使项目及时投入运营，产生预期效益。

7.2.3　全要素造价管理

1. 全要素造价管理的基本理念

造价工程师的工作职能不只是工程计价，更重要的是做好工程造价管理，既要关注工程建造成本，也要关注工期、质量、安全、环境和技术进步对工程造价的影响。实施以工程造价管理为核心的多目标、多要素的全面项目管理，要高度关注工程建设其他要素对工程造价的影响。建设项目的工程造价不是一个固定值，有诸多影响因素，要以建设工程项目全生命期理论为基础，特别关注各管理要素对工程造价的影响，协同各管理主体，进行项目的集成管理。造价工程师不仅要进行工程计价的具体工作，进行被动的工程造价管理，更要建立一个合理的建设方案，并通过主动控制，保证建设项目的成功，减少失误，确定一个合理的工程造价。

影响工程造价的要素主要包括工程成本、建设工期、工程质量、安全和环境等要素，这些要素之间存在着对立和统一的关系。例如，工程建设投入的资金越多，相应的工期、质量、安全和环境方面就越有保障。相反，如果工期紧迫，往往要求投入更多的人力和物力保证工程及时完成，提高工程造价，而且赶工也可能对工程质量和安全带来不利的影响。再如，对工程的安全和环境要求越高就需要越多的投入，也会相应提高造价。又如，加快进度、缩短工期虽然会提高造价，但是可以使整个建设工程提前投入使用，从而发挥投资效益，还能在一定程度上减少利息支出。如果提早发挥的投资效益可能会超过因加快进度所增加的投资额，则加快进度从经济角度来说就是可行的。这就表明，造价、工期、质量以及安全和环境几大目标之间存在着对立统一的关系。在工程造价管理工作中，我们不能割裂开来，只对一个或者几个要素进行单独分析，而要考虑要素之间的影响，将它们作为一个整体来考虑。不以它们同时达到"最优"为目标，而只能在诸多要素之间找到一个合理的"平衡点"，以达到工程造价最低。

2. 工期对工程造价的影响

工期管理的目标是正确处理工期与工程造价的关系，使工期成本和其他各要素成本的总和达到最低值。工期与工程造价的其他几个要素之间是相互影响和相互作用的，要保证工程以合理的工期完成，才能实现其他几个要素的最优。因此，对工期成本的管理与控制，并不是工期越短越好，也不是工期成本越小越好，而是通过对工期的合理调整以及全过程动态管理来控制。

建设工程项目的直接成本会随着工期的缩短而增加，间接成本会随着工期的缩短而减少。在考虑项目总成本时，还应考虑工期变化带来的其他损益，包括效益增量和资金的时间价值等。项目成本与工期的关系如图 7-12 所示。为了控制项目工期引起的成本增加，首先需要从多种进度计划方案中寻求项目总成本最低时的工期安排（T_0）。当建设工程压缩工期时，要进行必要的相关费用的投入，主要表现为措施性费用的投入；当建设工程拖延工期时，会引发管理费用的增加，此外还会带来价格上涨等风险因素。因施工单位的投标工期，及合同工期可视为最合理工期（T_0），因此无论是赶工—压缩工期，还是延长工期，给予施工单位的补偿都是合理的。

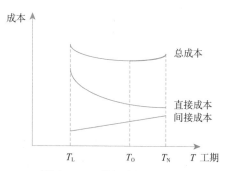

图 7-12 工期与成本关系曲线

T_L—最短工期；T_0—最优工期；T_N—正常工期

3. 质量对工程造价的影响

在工程项目建设及使用过程中，由于受系统性或偶然性因素的影响，使得建设工程项目质量百分之百地符合合同或规范规定的质量标准的难度很大。为弥补不合格项目而引起的返工返修损失以及为减少损失而加强预防控制，便会产生项目质量成本。所谓项目质量成本，是指在建设工程项目的设计、施工和使用阶段为达到规定的质量水平而支出的一切费用，以及因未达到规定的质量水平而造成的损失费用之和，即质量成本由控制成本、损失成本及特定情况下的外部质量成本组成。

（1）控制成本。包括预防成本和鉴定成本。预防成本是指为了防止项目质量缺陷和偏差出现，保证项目质量达到质量标准所采取的各项预防措施而发生的费用，具体包括：质量规划费、工序控制费、新工艺鉴定费、质量培训费、质量信息费等。鉴定成本是指为了确保项目质量达到质量标准而对项目本身以及对材料、构配件、设备等进行质量鉴别所需的一切费用，具体包括：设计文件审查费，施工文件审查费，原材料、外购件试验、检验费，工序检验费，工程质量验收评审费等。

（2）损失成本。包括内部损失成本和外部损失成本。对施工承包单位而言，内部损失成本是指在施工生产过程中，因施工指挥决策失误、施工中违反操作规程、施工成品保护不善、施工机具保养不善引起工程质量缺陷而造成的损失，以及为处理质量缺陷而发生的费用，具体包括：返工及返修损失、停工损失、事故处理费用等。外部损失成本是指工程交工后，项目在使用过程中出现工程质量缺陷而应由施工承包单位负责的一切费用总和，包括：保修费、损失索赔费等。

（3）外部质量保证成本。是指在合同环境下，承包单位根据业主提出的要求而提供客观证据的演示和证明所支付的费用，具体包括：为提供特殊和附加的质量保证措施等支付的费用，产品的证实试验和评定的费用，为满足业主要求进行质量管理体系认证所支付的费用等。

4. 安全对工程造价的影响

安全成本就是工程建设与安全有关的费用总和，即安全成本是为保证安全而支出的一切费用和因安全问题而产生的一切损失费用的总和。建设工程的安全成本产生于整个建设过程和建设工作的所有方面，与安全决策、安全管理与组织、安全设计、安全施工、安全保证措施等方面有关，它是建设工程产品生产的一种附加性成本，它由以下两个方面构成。

1）安全保证成本

安全保证成本是指为保证和提高安全生产水平而支出的费用，包括安全工程费用和安全预防费用两部分。安全工程费用是为了保证工程建设安全进行而投入的成本费用，其目的就是为实现一定的安全生产水平而提供基础条件。安全工程费用主要体现在：为保障工程安全实施而构筑的一些安全工程、设施设备；安全监测设备、仪表等；安全防护设施；设置安全管理的专门机构，配备相应的管理人员；安全管理和审核、通报的制度与管理费用等。安全预防费用是指运营安全工程的设施，进行安全管理和监督、安全培训和教育而支出的费用，其作用就是防止不安全因素的产生。安全预防费用主要体现在：安全保障体系和责任体系的设立；制订工程安全实施的安全技术措施和应急救援措施；安全技术措施的论证等。

2）安全损失成本

安全损失成本是指建设工程因为安全出现问题影响生产，或因安全水平不能满足生产需要，而产生的经济损失，这种经济损失列入成本时，则为损失性成本。损失性成本包括企业内部损失和企业外部损失两部分费用。企业内部损失是指由于安全出现问题使企业内部引起的停工损失和安全事故本身造成的经济损失费用，它可能来自：停产损失费用，安全事故本身造成的损失费用；恢复生产费用；报废设备或工程等的处理费用；安全事故分析和处理费用等。企业外部损失是指因安全发生问题而造成的企业外部的损失费用，它可能来自：人员伤亡的医疗费、赔偿费；各类罚款；诉讼费等。

5. 环境对工程造价的影响

建设工程环境成本是指按照可持续发展的原则，本着对环境负责的态度，在工程实施过程中所采取的或被要求采取的措施的成本，以及为达到环境目标和实现环境要求而付出的一切成本总和。具体来说，建设工程环境成本由以下几个方面构成。

1）环境预防成本

环境预防成本是指工程实施前，为了避免或减少对环境的影响而采取的预防措施的费用，包括购买对环境污染小的原材料，对职工进行环境保护教育和宣传的经费等。

2）环境保护成本

环境保护成本是指企业在建设活动中，为了减少生产活动对环境带来的影响发生的环境费用，包括设备购置费、废物处理费、为减少对环境影响而进行的研究开发及计划设计成本，以及其他与环境有关的投资。

3）环境管理成本

环境管理成本是指为了对工程所处环境进行管理而发生的各项管理费用，包括项目相关方为此进行的环境管理体系的建立、运行以及获得认证的成本。

4）环境改善成本

环境改善成本是指为了改善对环境的影响而发生的费用，包括自然保护、绿化、美化、景观保持等成本。

5）环境损害成本

环境损害成本是指针对已经发生的对环境造成的损害而必须支付的成本，包括土壤、自然破坏等的修复成本，应对环境损害的准备金，与环境保护有关的协议金、赔偿金、罚金、诉讼费等。

7.2.4　全寿命周期造价管理

工程项目的全寿命期造价是指工程项目的初始建造成本、建成后使用和翻新成本和报废期拆除费大于回收残值部分之和。全寿命期工程造价管理是指在工程建设中应以实现项目全寿命期成本最小化为目标。全寿命期工程造价管理要求对一个项目的建设期和运营期的所有成本进行全面的分析和管理，既是一种项目投资决策工具、一种分析和评价项目备选方案的方法，还是项目成本控制的一种指导思想和技术方法。它有助于人们在项目建设过程中统筹考虑项目全寿命期成本并最终提升项目的价值。

工程全生命期工作分解是全寿命周期造价管理工作的基础。将项目各阶段的主要工作罗列出来，就可以得到一个工程全生命期的工作分解结构（WBS）（图7-13）。这些工作还可以细分到各个专业工程的设计、供应、施工、运行。工程管理工作（如工程监理、招标代理、造价咨询、运行管理）也属于工程全寿命期工作，可以归入施工、运行过程中，作为各阶段专业工作之一，也可以独立。在工程过程中还有技术创新研究、专题研究等工作，如在可行性研究中会有一些专题研究工作，在设计和施工中会有一些科学研究和实验工作，它们可以归入相应的阶段中。

图7-13　工程全寿命期的工作分解结构

项目全寿命周期成本管理的技术方法要求人们在作项目投资决策时必须充分考虑项目整个寿命周期的总体成本。对于某一项目产出物（包括产品或服务）的所有者来说，项目成本应该是在该项目的整个寿命周期中所发生的全部成本，而不仅是在生产或购买该项目产出物时所花费的成本，因为项目产出物的后续使用和维护都需要发生成本。图7-14说明了在一般情况下，项目产出物（产品或服务）在不同时间范围内的成本发生情况。因此，我们必须认真分析每一个可能影响项目全寿命周期成本的内部

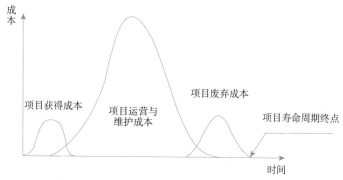

图 7-14　项目全寿命周期成本构成图

与外部因素。由于项目本身的复杂程度不同，所以项目全寿命周期成本确定的难易程度与使用的技术方法也不同。

工程项目的全寿命期造价的原理和方法帮助人们在项目的成本管理中很好地综合考虑长远利益（项目全寿命周期的成本和价值）和眼前利益（项目实施期间的成本和价值），合理确定项目的成本或投资（项目实施期所投入的成本）与项目的收益（项目运营维护期所创造的价值）。实际上，任何项目首先是为了在未来获取一定的利益（或价值）而展开的，所以任何一个项目在实施期间的投入实际上只是一种垫付性的投资行为，这种投资行为的根本指向应该是获得最大的收益。所以，项目全寿命周期成本管理的技术方法不应该以节约项目成本为第一目标，而应该以促使项目获得最大收益为第一目标，即实现项目成本的最小化和项目价值的最大化为第一目标。

我们以澳大利亚悉尼歌剧院来阐释一下全寿命周期的造价管理理念。

悉尼歌剧院基本技术经济资料如下：

项目功能定位为：世界著名的表演艺术中心，满足多种需要的文化中心，悉尼市的标志性建筑。

悉尼歌剧院（Sydney Opera House），位于悉尼市区北部，是悉尼市地标建筑，由丹麦建筑师约恩·乌松（Jorn Utzon）设计，一座贝壳形屋顶下方是结合剧院和厅室的水上综合建筑。歌剧院内部建筑结构则是仿效玛雅文化和阿兹特克神庙。该建筑 1959 年 3 月开始动工，于 1973 年 10 月 20 日正式竣工交付使用，共耗时 14 年。悉尼歌剧院建成后成为澳大利亚的地标建筑，也是 20 世纪最具特色的建筑之一，2007 年被联合国教科文组织评为世界文化遗产。

建造悉尼歌剧院的计划始于 1940 年代，1954 年成功取得了新南威尔士州的支持，要求设计一个专门用于歌剧的剧院。1955 年 9 月发起了歌剧院的设计竞赛，共收到了来自 32 个国家的 233 件参赛作品。1957 年 1 月确定由丹麦建筑师约恩·乌松设计。

悉尼歌剧院总建筑面积：88258m^2，包括 2690 座的大音乐厅，1547 座的歌剧厅，500 多座的剧场。此外，还设有排演厅、接待厅、展览厅、录音厅以及戏剧图书馆和各种附属用房共 900 多个房间，可容 6000 多人在其中活动。悉尼歌剧院整个建筑占地 1.84hm²，长 183m，宽 118m，高 67m。

设计及建设时间为 1957—1973 年。建设时间原计划为 4 年，实际为 14 年。建设投资原计划为 350 万英镑，实际为 5000 万英镑。投资效益为两年多回收投入的建设成本，并成为澳大利亚旅游的著名景点，并继续带来丰厚的效益。

从全过程造价管理和项目管理角度讲，无论是工程造价还是工期，该项目的控制并不完美。但是，该项目建成后两年多就回收了投入的建设成本，而其内部装饰几乎不加抹灰，保持混凝土预制构件的原色，大大减少了维护费用。从全寿命周期造价管理角度来看，悉尼歌剧院的建设成本、运营成本的控制是非常成功的，也可以成为我们的政府投资工程建设和工程造价管理的典范。

建设项目全寿命周期的风险管理也是全寿命周期造价管理的思想体系之一。前文已经对决策、设计、招标投标、施工、竣工阶段的风险管理进行了分析，除此之外，建设项目全寿命周期还要关注运营期的风险控制。运营期是建设项目投入运营发挥效用的时期（特别是对于承包商垫资建设、运营期收益还款的情况），这个阶段的持续期很长，占建设项目建设成本比重的很大部分，主要的风险因素包括运营管理风险、技术进步风险、改扩建风险等。科学、规范、可持续视角的运营管理有助于全寿命周期风险的降低，科技创新可以减少运营成本，降低运营风险，运营费用的标准直接影响运营阶段的工程造价风险。因此，本阶段风险管理的核心目标就是要保障产品的更新换代和建筑设备长期稳定运营，还要考虑建设项目改造、设备的技术性贬值和经济型贬值等问题。因此，在建设项目运营维护阶段加强经济上的风险管理，确保建设项目运营维护阶段的运行性能稳定、有效，是能否长久地发挥建设项目经济、环境及社会效益的重要环节。

7.3 工程造价管理的数字化发展

管理学之父彼得·德鲁克说："新的陌生时代已经明确到来，而我们曾经很熟悉的现代世界已经成为与现实无关的过往。"这个陌生的时代就是数字化的时代，这个时代变化与迭代将更加剧烈、频繁。

数字化时代是一个大规模的生产、分享、应用数据的时代，数据是数字化的核心，数据是驱动人工智能的基础。借助大量数据，人们可以发现各项看似无关因素之间的关联，系统了解社会运行的总体情况，分析潜藏在各类信息背后的问题。数据已然成为与物质资源、人力资源同等重要的基础性生产资源，许多创新和进步也由此开端。数据不仅是一种重要的生产与科技创新要素，改变原有的生产方式，而且还是战略、世界观和文化更迭发展的基础，它将带来一场社会变革，特别是公共管理与公共服务领域的变革，改变我们的生活方式和社会治理方式。大数据正在开启一个新的未知空间，养成大数据意识，激发大数据智慧，率先走出一条中国特色的信息化道路，我们将会发现更精彩的未来。

7.3.1　数字建筑的基本理念

1. 建筑业需要通过数字化推动产业转型升级

随着全球进入老龄化社会，各个行业都出现了职工老龄化的现象，建筑行业尤为明显。数据显示，1985—2014 年美国建筑行业工人的平均年龄从 34 岁上涨到了 43 岁，近几年 24 岁以下的建筑工人占比更是不到一成，而中国更甚。另外，放眼全球，安全一直是建筑领域不可回避的问题。不仅仅是在中国，纵观全球，例如日本、澳大利亚等发达国家，建筑行业的安全事故也是所有行业中最高的，就连美国这么重视人身安全的国家，近年来建筑行业每年的死亡人数同样高达 800 人以上。最后也是最根本的问题就是生产力水平的低下，根据对全球 GDP 占比达到 96% 的 41 个主要经济体的调研，制造业的生产力水平是高于所有行业的平均值的，而建筑业的这项指标却远低于所有行业平均值。

建筑业在行业形态方面与制造业最为相近，解决老龄化、安全、生产力水平问题就需要借鉴制造业的发展方向。目前，欧盟正在力推工业 4.0 在建筑业的落地，以数字孪生等核心技术为支撑，利用 BIM 技术真正实现建筑业的现代化。在欧洲的很多国家，建筑业数字化的推广速度远远超出了我们的想象，无论是英国、德国、意大利等体量相对大一些的国家，还是芬兰、瑞典这样中等体量的国家，无一例外地都将建筑业的现代化推向了行业战略高度，他们普遍认为将建筑业提升至工业 4.0 时代，将是现下这代建筑从业者的唯一机会。同样，作为建筑产业绝对大国的中国也需要顺应时代的潮流，拥抱行业的数字化转型，并且将其视为行业的重要发展战略。

2017 年，国务院办公厅发布了《关于促进建筑业持续健康发展的意见》，这是建筑业改革发展的顶层设计，从深化建筑业简政放权改革、完善工程建设组织模式、加强工程质量安全管理、优化建筑市场环境、提高从业人员素质、推进建筑产业现代化、加快建筑业企业"走出去"等七个方面提出了 20 条措施，对促进建筑业持续健康发展具有重要意义，也对建筑业的转型升级提出了新的要求。2020 年，国资委印发《关于加快推进国有企业数字化转型工作的通知》，为国有企业点明了数字化转型的发展方向。2020 年 9 月，住房和城乡建设部等 9 部委印发《关于加快新型建筑工业化发展的若干意见》，明确加快建筑行业信息技术的融合发展。2021 年，第十三届全国人大四次会议审议通过了《中华人民共和国国民经济和社会发展第十四个五年规划和 2035 年远景目标纲要》（以下简称《纲要》）。《纲要》第五篇明确提出"加快数字化发展，建设数字中国"，提出迎接数字时代，激活数据要素潜能，推进网络强国建设，加快建设数字经济、数字社会、数字政府，以数字化转型整体驱动生产方式、生活方式和治理方式变革。数字经济、数字社会、数字政府，是数字化发展的重要组成部分，三者互为支撑、彼此渗透、相互交融。智能交通、智慧能源、智能制造、智慧农业及水利、智慧教育、智慧医疗、智慧文旅、智慧社区、智慧家居、智慧政务十大数字应用场景已跃然纸上。2021 年住建部发布的《建筑业"十四五"发展规划》、2022 年国务院发布的《"十四五"数字经济规划》等重大政策文件，均明确提出"'十四五'时期应初步形成建筑业高质量发展体系框架，建筑工业化、数字化、智能化水平大幅提升"，该规划中"标准"出现 47 次，"智能化"30 次，"数据"32 次，"BIM"18 次，"互联网"17 次，"装配式"15 次，"标准化"14 次，"数字化"13 次。因此，建筑业工业化和数字化是科学发展的主旋律。

2. 数字建筑将成为产业转型升级的核心引擎

2018 年 1 月，广联达科技股份有限公司在广泛总结国际上 BIM 技术发展趋势，借鉴英国建筑业 2025 发展要求，以及适应"数字中国"发展战略，对标"中国制造 2025"发展理念的基础上，发布了中国首部《数字建筑白皮书》，提出了"数字建筑"的概念。该报告提出数字建筑是由 BIM、云计算、大数据、物联网、移动互联网、人工智能等数字技术引领，结合精益建造的理论与方法，集成人员、流程、数据、技术和业务系统，将实现建筑的全过程、全要素、全参与方的数字化、在线化、智能化，以构建项目、企业、产业的平台生态新体系，从而推动以新设计、新建造、新运维为代表的产业升级，实现"让每一个工程项目成功"的产业目标。

数字建筑的核心理念是虚体的数字建筑与实体的物理建筑虚实结合的"数字孪生"（图 7-15），通过基于"人、事、物"的 HCPS（信息物理系统）的泛在链接和实时在线，让"全过程、全要素、全参与方"进行数字化升级，形成虚实相映与实时交互的"数字孪生"融合机制，从而让项目、企业和行业的管理效益、生产效率、决策能力等有效转变与提升。

新设计、新建造、新运维是实现数字建筑的核心理念的三大关键环节。新设计是三维的数字化设计，设计成果要实现从概念设计到深化设计，以及施工组织设计的数

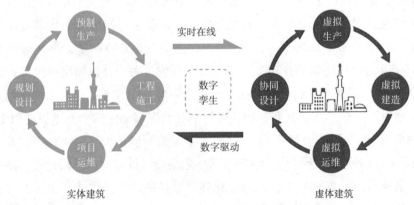

图 7-15　数字建筑的核心理念图

字化交付。这种基于数字化、网络化的交付成果，可以在BIM工作平台上进行决策和设计信息的交互，把建造过程中的施工组织设计、施工方案等都能通过模拟的形式设计出来。这实际上就是把传统的建造过程中的大量工作进行前移，并进行模拟化，在施工过程中可以按照既有的设计进行施工，这就是一种新型的设计。新建造则是在建造过程中按照既有的设计进行部品部件的构建，将相关构件进行工厂化加工，加工好之后在现场按照工厂化流程进行安装建造，按照既定的模拟方案将部品部件组装起来形成建筑。当设计、建造完成后，最终交付的也是一个带有数字成果的建筑物，可以进行运营模拟，即新运维。交付的建筑物实体上带有各类传感器，建筑模型也集成了各类数据信息，业主可以根据反馈的相关信息进行更有针对性的运营维护。同时，交付的建筑物也是智能化的，能够集成温度、湿度、光照等多种参数，不仅能够感知环境变化，还能够反映人的需求，通过一系列数字科技，智能化地满足人们的要求。

可以预见，充满想象空间的建筑业数字化变革，将逐渐从项目的数字化，发展为企业的信息化，乃至重构建筑产业生态，实现数字建筑平台的全面搭建，最终对整个建筑行业产生巨大的影响和价值。

3. 数字化变革将重构产业新生态

数字建筑在触发数字化变革的同时，也将重构建筑产业新生态。数字建筑以平台化方式形成开放、共享、生态聚集的产业生态圈。产业链相关方聚集在平台上，共同完成设计、采购、施工、运维，形成良好的生态环境。同时，生态服务伙伴以平台为基础，研发和提供专业应用和服务，实现能力聚集、快速创新，极大地减少产业重复浪费，更好地服务于产业链各环节和相关方。

从政府层面来看，数字化变革将促进政府部门的行业监管与服务水平提升。以数字建筑为载体，汇聚整合政府部门数据与行业市场主体数据信息，建设行业数据服务平台，可以为建筑市场宏观分析、监管政策、市场主体公共服务三大方向提供强有力的数据支撑，让行业信息更准确和透明，最终实现"宏观态势清晰可见，监管政策及时准确，公共服务精准有效"的行业监管，实现"理政、监管、服务"三层面的创新发展。

从企业层面来看，数字化变革将推动建筑业的进步。当然，要想通过互联网和数字化手段改造传统建筑行业，需要企业在理念上进行彻底的革新，也需要设计、咨询、建设单位、施工单位各个企业共同建立共享的数据平台，从而可以让开发方、设计总包、工程总包、监理、咨询在同一平台上对项目实现"管理前置、协调同步、模式统一"的全新管理模式，管理中的大量矛盾通过BIM标准化提前解决，减少争议，提高工作效率，这也是项目管理的一次突破性变革。

从专业层面看，项目各专业可以在互联网专业平台上完成各自的专业工作。基于互联网平台，进一步加强各专业之间的交流协同。

最终，来自政府、企业、专业的数据将汇总在基于互联网的统一平台上，实现各方实时、准确的彼此交互，重新定义建筑业，进一步推动数字城市乃至数字中国建设，从而构建全面的数字经济场景，实现建筑业的数字化变革。

7.3.2　数字技术驱动的工程建设

1. 工程建设现状及发展趋势

目前，整个建筑行业仍处于一种粗放管理的状态，工程完工超预算、超工期情况比比皆是，甚至有些工程还出现质量不达标、事故频发的情况。同时，行业内仍有许多不透明的因素，比如说在人、财、物的供应链管理上，材料和设备方面的供应还并不是很透明，人工方面也仅仅局限于劳务工人，资金方面也没有与现代金融业和互联网进行有效结合，效率不高，可以说整个行业的供应链管理比较落后。

以互联网、云计算为主的信息技术的快速发展，使得整个建筑行业也要通过以BIM技术为主的信息化和装配式施工来改造既有建筑业传统的商业模式和生产运作方式。建筑业必须通过技术进步来优化整个产业链和供应链，同时也要重视人才的培养和储备，从而适应建筑业未来的发展要求，提升企业自身的竞争力。未来建筑，高品质、智能化、低能耗将是大趋势，因此建筑业要坚持标准化设计、工厂化生产、装配化施工、一体化装修、信息化管理和智能化应用。这也就促使建筑业必须进行转型升级，才能实现建造方式的精益化，最终实现整个行业的工厂化、精细化、信息化、绿色化的四化融合。

2. 建筑业数字化发展的核心技术

通过对国内外技术的研究发现，未来在建筑行业工程项目数字化发展中最值得深入思考和投入的有以下三项核心技术。

（1）新型网络化技术，我们称之为"万物互联"。也就是通过物联网、区块链、事件驱动等技术让连接变得更可信、可靠并且高效，让设备和传感的接入变得更加简单，让互联互通在数字化环境里真正实现，做到效率的提升和企业自觉规范的形成。这项技术将构建一个面向建筑行业开放的工业级物联网云平台，可以和多企业进行战略合作来帮助建筑企业一步步把基础打扎实，可以接入包括卸料平台、高支模等现场终端设备。

（2）兼顾云计算的数据计算技术。施工现场的数字化信息分两种，一种是通过物联传感设备收集的工业实时信息，还有一种是通过视频采集的图片和影像信息，这两种信息均可变成数据模型，在此基础上才具备可计算的能力。这个过程中BIM将起到非常重要的作用，它可以有效地把碎片化信息整合在一起进行深入计算和学习，企业在这个基础之上可以快速搭建自己的数据模型。另外，因为施工现场情况非常复杂，在除了一些预测性和深度挖掘分析性的大数据应用以外，项目现场也需要一些快速的反应，比如说智能摄像头或者智能控制设备，在工地现场发现有人员未佩戴安全帽、安全带进入危险区域时，设备需要在第一时间从第一角度对风险、安全进行评估。此时的数据处理过程可以通过本地设备在本地边缘计算层完成，而无需交由云端，这无疑将大大提升处理效率，减轻云端的负荷。由主数据平台以及核心业务模型数据计算技术组成的智慧工地数据中心，使终端设备和云平台都能具有一定的计算和验证能力，真正形成由点到线再到面的立体计算能力。

（3）人工智能技术，让现场图片、影像分析变得更加精准。中国是最有可能在人工智能时代领跑全球的国家，因为中国有全球最大的数据量。比如说建筑施工领域，中建集团旗下一个公司的数据就超出了很多国家全国范围的数据。全国每年有70万个新开工项目，这些项目带来的数据是巨大的，数据被提炼存储在大数据系统里，为建筑行业全过程、全要素、全参与方提供生产模式、生产力以及生产方式各个角度的信息服务。目前，业内优秀企业平台累积的标准算法可以自动识别95%~97%的工地常见安全隐患，常见的一些安全文明规范的落实都可以通过算法去解决。这些算法的建立和完善有赖于众多企业一起不断尝试深入挖掘，最终实现适合施工全过程的智能化管理。

3. 数字技术给建筑现代化带来了可能性

我们在大量的业务研究过程中接触了很多大型的建筑施工龙头企业负责人，在交流过程中，我们发现建筑行业里数字化技术应用其实是有很大潜力可以挖掘的。在数字化技术应用下，传统的项目作业如何提升到工业级精细化水平？从流水线作业到机械化、自动化、装配化，我们在施工现场拥有的改善空间超乎想象，平均水平能提升40%~60%。这些提升来源于协同化的设计，协同化的施工，以及供应链体系上的管理优化，也来源于装配式工厂工业化的支持，但其中最大的部分是来源于数字化和信息化技术应用。在深圳会展中心项目中，信息化技术极大地提高了复杂项目的透明度，让项目的几万名工人，多区域协调，多分包施工单位合作的过程变得透明和可视化。只有在可视化基础之上才有可能可感可控，才能进一步实现流程的优化。数据表明，全球物联网的终端设备数量在2018年第一次超过了移动终端，物联网技术真正进入了应用元年。也就是说现在我们技术突破面临非常好的机会：万物互联，洞察一切，所有数据实时在线。这其中最大的受益者之一就是建筑施工行业，因为这个行业的企业体系、组织结构、项目形式都亟需协同分享，人、机、料、法、环各现场管理要素的关系也非常复杂。BIM是信息化技术的核心载体，但大量数据的采集还是要靠以物联网为代表的数字技术综合应用来实现。所以，要以BIM+物联网的技术为核心，集合云计算、大数据、物联网、移动互联网等技术，建立一个项目全过程的信息化体系，从而推动项目工地向工业级精细化生产和管理转型，这也形成了未来搭建整个施工行业解决方案的理论基础。在这个基础之上我们才能有数据，才能通过机器深度学习真正实现最终的智慧建造，从而带来行业的根本性改变。

7.3.3 工程造价管理的数字化发展

1. 数字造价管理的概念

数字造价管理是数字建筑理念的延续，也是数字建筑的重要组成，是指利用BIM

和云计算、大数据、物联网、移动互联网、人工智能等信息技术引领工程造价管理转型升级的行业战略。它结合全面造价管理的理论与方法，集成人员、流程、数据、技术和业务系统，实现工程造价管理的全过程、全要素、全参与方的结构化、在线化、智能化，构建项目、企业和行业的平台生态圈，从而推动以新计价、新管理、新服务为代表的工程造价专业转型升级，实现让每一个工程项目综合价值最优的目标，即全寿命周期投资价值更优，全要素综合成本更低，全参与方综合效益最好。数字造价管理中有几个重要的理念，包括三全数字化、三化支撑、三新应用。

2. 全过程、全要素、全参与方的数字化

数字造价管理首先要实现三全数字化，即全过程数字化、全要素数字化、全参与方数字化。有了数字化平台和 BIM 模型后，不仅仅在设计阶段和交易阶段，甚至可以从立项开始就会做模拟仿真，在立项阶段做的所有的模拟仿真的数字化的基础会成为后续进行全过程数字化管理的基础，这样会打通全过程数字化。BIM 模型能集成工程造价管理的全要素，除了工、料、机这些组成要素，还能集成工期、质量、安全、环境等这些影响工程造价的其他要素，实现全要素数字化管理。另外，通过数字化的平台和 BIM 技术，就能实现可视化沟通，把全参与方协同起来，实现全参与方数字化管理。

数字造价管理将打通工程造价管理全过程，聚集工程造价管理的全参与方，融合工程造价管理全要素，通过价值链串联工程造价业务各参与主体，建立开放、共享的数字化生态系统（图 7-16），各服务主体可根据自身优势在生态系统中找准自己的定位，通过个性化服务参与到价值链中，找到新的商业价值。

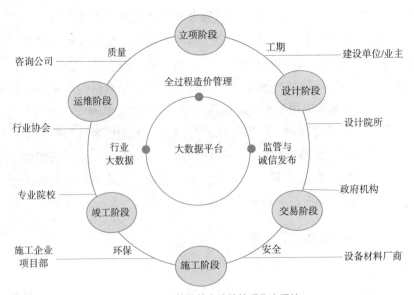

图 7-16　开放的数字造价管理生态系统

　　工程咨询公司在数字化过程中，将会扮演极为重要的角色，目前，无论是业主、设计单位、设备材料厂商，都很难把全过程串联起来，而工程咨询公司则具有数字信息集成的天然优势。其既是全过程的经历者，又是项目管理的具体实施人，还是各参与方的联系纽带，所以其在推动三全升级的过程中会扮演很重要的角色，这是工程咨询的价值所在，也是数字造价管理的一个重要内涵。

　　3. 结构化、在线化、智能化的支撑

　　数字造价管理通过数据驱动推动行业变革，结构化、在线化、智能化是数字造价管理的三大典型特征（图 7-17）。其中，结构化是基础，通过对造价管理过程及成果数据进行大数据平台的结构化描述，保证工程造价管理过程中数据的有效性。在线化是关键，通过实时在线的云平台实现协同办公、数据分享、数据应用。智能化是目标，通过大数据分析、数据应用实现智能计价、快速决策。

图 7-17　数字造价管理的主要特征

　　1）结构化是基础

　　结构化是指通过建立项目主数据、数据交换、项目特征描述等业务标准，实现现场消耗、造价过程及造价成果数据可采集、可分析，为数据采集提供基础条件。

　　工程项目具有独特性，工程造价与工程项目特征信息、项目要素信息有密切的关系，特征信息、要素信息不同，其造价也不同。为了完整表达造价信息内容，除了造价数据外，还需要通过结构化方式准确描述项目建造标准、工序特征信息及要素信息。另外，要通过共享形成工程造价专业大数据库，需要通过结构化方式定义数据交换标准，统一造价成果文件格式，实现数据互联互通。

　　要实现结构化，需要建立以 BIM 应用为核心的工程造价业务标准，包括工程分类标准，工料机分类及编码标准，工程特征分类、分解与描述标准，BIM 数据模型标准，BIM 过程交付标准等。通过业务标准对 BIM 模型、工程造价过程及造价成果数据进行结构化约定，可以大大提高造价数据的可用性，为数据采集、数据分析及智能化应用提供业务基础，有效推动工程造价市场化数据的形成与应用。

　　2）在线化是关键

　　大数据技术要求数据量大、数据维度多、数据完备，各参与方只有通过在线化方式进行数据共享，才能积累形成有效的行业大数据。工程造价相关数据包括 BIM 模型、交易数据、项目现场数据，这三类数据场景不同、内容不同、形式不同，通过在线化方式，可实现相互集成、互为补充，形成数据量大、多维度、内容完备的工程造价市场化大数据。

在线化使得生态优势互补成为常态，整合生态中多方优势资源为项目服务，围绕项目各参与方通过在线化方式实时应用大数据实现共赢，同时各参与方以在线化的方式进行工作协同，通过实时沟通实现快速决策。

3）智能化是目标

工程造价管理过程存在大量的重复计算工作，计算工程量、清单开项、组价调价、变更计算等计价工作需要耗费大量的时间。另外，在全面造价管理的要求下，工程造价专业人员需要对质量、安全、工期、环保等要素成本进行动态分析，各要素的叠加，必将加大工程造价管理工作的难度。

通过云技术、大数据技术及智能算法，对采集的数据进行分析，形成包含计价依据、BIM 模型、工程量清单数据、组价数据、人材机价格数据等的工程造价市场化大数据。利用工程造价市场化大数据、智能算法进行数据训练，深度学习，建立具有深度认知、智能交互、自我进化的造价管理数字模型，形成科学决策、精准执行的"人工智能"，提升工程造价管理工作的智能化水平。数字造价管理的智能化特征，将帮助工程造价专业人员有效提高工程计价工作的效率，提升工程造价管理科学决策的能力。

4. 新计价、新管理、新服务的应用

三新就是新计价、新管理和新服务，新计价是从原来的计算机辅助计价，变成智能化计价。原来的工程造价管理，是粗放式的阶段管理，将来要变成数字化的全过程管理。主管部门原来是专项监管，将来要通过数字化手段提高行政主管部门的监管和服务水平，实现精准化行业服务和计价依据服务。

（1）新计价即智能化计价，是以 BIM 模型为基础，集成工程造价组成的各要素，通过工程造价大数据及人工智能技术，实现快速算量、智能列项、智能组价、智能选材定价，有效提升工程计价的工作效率及成果质量。过去传统的工程计价方式，工作主体是工程造价专业人员，工程造价人员根据自己的经验完成工程计价工作。将来对工程造价人员的经验要求会降低，工程造价人员可以在数字化工程造价管理平台上工作，平台会通过标准化、结构化方式给工程造价专业人员进行管理、技术、数据的赋能（图 7-18）。

智能化的工程量清单编制。现阶段要编制工程量清单，首先是根据图纸内容进行工程量清单的列项、项目特征的描述，然后是按规则计算工程量，这些工作其实也是很难的，如果没有施工现场经验，没有多年的工程造价工作经验，很难准确地完成，并发现问题与不足。如果能把设计的图库建立起来，把对工程造价有影响的清单特征项枚举出来，内置到平台的数据库中，那么计算机会实现工程量清单的智能编制，依据图纸上的设计和图库、构件库智能列项，然后像做选择题一样智能描述项目特征，

图 7-18　数字化工程计价方法示意图

依据固化的工程量计算规则自动完成工程量计算。

智能化的工程计价。数字化的平台可实现工程造价人员的工作方式由单机软件变为云加端，云可以实现高效计算，端可以实现智能应用，原来的工程计价依据主要是定额，未来的工程计价依据可以是现场实时和历史项目形成的自成长的大数据库。在端上不仅可以实现快速算量、智能开项，还可以实现智能组价和智能的选材定价。大量的计算在云上完成，同时自成长的数据库是通过整个行业大数据为端上的软件和云上的计算来提供数据赋能，完成各种组价、换算等工作。造价工程师通过精准匹配或者自动计价协同完成工程计价与个案项目的调整工作，针对项目的实际作出适当调整，进行价值管理。

数字造价管理实现新计价的瓶颈，一是系统化平台和数字化模型的构建，二是自成长的工程造价数据库的构建。因此，应务必改变传统的工程造价数据建设机制，形成可成长的工程造价数据库（图7-19）。因此，我们需要走出两个误区，一是仅有工程计价依据、定额、材价信息、成果文件是数据；二是数据必须是经过专业人员分析、加工出来的。要建立起数据自成长路径：一是要基于数据应用场景定义数据的数字化、标准化属性，使数据自带相应的标准化信息；二是让数据来自于生产、生活中可记录的痕迹；三是在作业过程中，不仅要满足业务结果的需要，数据分析系统还要考虑不同场景的数据自用与他用的资源化价值；四是要从人工分析通过机械学习到智能分析，要研发数据加工技术，实现对解构数据的自动抓取，智能分类与聚类，并实现实时的统计计算、分析；五是数据分析要深入不同的应用场景，了解各方面可能的数据需求，挖掘各种作业场景中自用和他用的数据价值。

（2）新管理即数字化工程造价管理，是以全寿命周期的 BIM 模型为基础，打通全过程工程造价管理，实现各参与方实时协同。通过大数据及人工智能技术，对建设期、维护期综合成本，以及质量、工期、安全、环保等要素成本进行智能分析，以数字化工程造价管理方式实现项目的科学决策与管理。

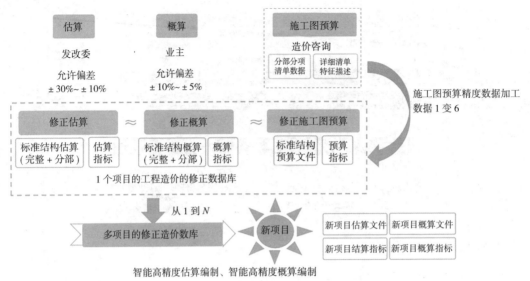

图 7-19   工程造价数据库自成长与应用原理

实现数字化工程造价管理的一个重要抓手就是 BIM，在各个不同阶段，BIM 会集成不同的信息，例如设计模型会包含构件尺寸、材料、做法信息。招标投标后的模型会集成工程造价信息，最终形成全寿命周期的 BIM 模型。当然，各阶段模型要打通，需要我们的工程咨询公司承担 BIM 总协调人的角色。有了模型后就能实现可视化沟通协调，加上数字造价管理平台的业务集成和计算能力，就能很方便地进行价值管理、合约管理、过程控制、风险管理、效益分析等。

举个变更管理的例子，某工程项目在施工过程中发现要做坡道变更，由人行坡道变更为残疾人坡道。传统方式是设计师要为业主提供多个设计方案，业主要从外观、功能、造价等角度统筹考虑采用哪个方案。这个过程中业主需要反复和设计师、施工单位、材料供应商沟通，最终才能确定一个性价比最优的方案。数字化管理模式：设计变更将完全可视化，设计师有两个设计变更方案设想，例如水泥砂浆坡道、机刨花岗石坡道。设计师和造价工程师协助，从 BIM 构件库中选择水泥砂浆坡道或机刨花岗石坡道两个 BIM 构件，可以看到两个构件的造价信息以及实际外观。业主可以通过这些信息快速决策采用哪个变更方案。修改 BIM 模型后，数字化平台直接完成变更结算统计。通过数字化的管理，各参与方决策更加科学、高效。

这里有一个前提条件，就是要有构件指标库等大数据支撑，我们完成一个 BIM 模型，其中集成了工程造价数据，那我们把模型拆解，可以形成不同细度的模型指标。下次作估算、概算或变更决策的时候就可以直接调用，并且直接把工程造价带过来。

（3）新服务即精准化服务，是通过全过程造价管理平台、建设工程交易平台，积累项目、企业、人员、诚信记录，同时与社会征信合并形成四库一平台，反作用于工程造价管理及工程交易管理过程，实现精准化行业服务。通过物联网设备、交易平台采集施工现场及交易数据，借助大数据分析技术形成计价依据，并动态更新，实现精准化计价依据服务。

行业主管部门要加强事中事后的动态监管，实现监管常态化、无形化，而非专项监管与检查。例如，招标控制价太低，会导致投标价低，甚至出现质量问题。现在很多地区是采取双随机一公开的监管模式，抽到后由专家进行价格审核。这种监管方式覆盖面不够，专家审核费用较多。将来在平台上客户通过大数据去检查工程造价文件，有问题的预警、审查。这种方式就和机场安检一样，可以全面覆盖监管项目，智能预警，大大提升监管的效率。再如过去各地主管部门在编制定额时，由于时间、资源的限制，无法通过实测去采集实际的工、料、机消耗量，导致定额水平与市场实际情况出现了一定的偏差。但是将来可以通过交易数据和施工现场的智能终端完成数据采集工作，快速分析形成定额，并且动态更新。这种定额既真实又能及时更新。又如将来施工现场将具备先进的采集手段，比如说人工可以通过安全帽来采集，安全帽内置芯片后可以记录某个施工作业面有多少工人作业，工作了多长时间，这样结合完成的工作量就可以计算出该作业单位工作需要消耗的人工量。同理，对机械操作人员作记录可以形成机械台班的单位工作消耗数量。根据班组每天的材料领料单记录材料消耗，并结合班组完成的工作量，可以计算该项作业的单位工作材料消耗量。把这些工、料、机消耗量和定额编制系统进行有效集成，就构成了定额动态测算的管理平台，所以这样就可以非常快速地完成数字化的消耗量采集和发布。

5. 数字化变革的策略

工程造价管理的数字化变革，需要从三个层面分别落地。首先，需要有大数据思维：一是要认识到数据是生产要素。二是数据需要共享才能完成积累，能形成新的生产力。所以，将来我们在工程造价管理的过程中要参与到行业生态圈中去共享、共赢。其次，要系统构建工程造价管理体系，它是工程造价管理工作规则的保障，将来要实现数据结构化表述，还需要持续完善工程造价管理体系及各种标准，通过标准化来推动数据结构化，为数据积累提供基础保障。最后，我们要有共建和共享数字化平台的意识和行动，用数字化平台作为我们未来实施落地的有效支撑。

数字化变革是个不可逆转的趋势，市场主体各方都需要去适应，甚至是主动拥抱并参与到数字化变革过程中。企业要共建数字平台，有了数字平台以后就能打通项目全过程工程造价管理，从而融入以工程咨询为核心构建的生态圈。另外，可以把自有数据在生态圈中共享，通过数据沉淀提升自己的智能化、数字化水平，实现整个生态互相促进。工程造价从业人员以前更偏重于工程计量计价活动，但是未来一定是要加入系统化的管理思想。从业人员首先要建立全面造价管理理念，升级知识和技能。同时要积极应用数字化平台，通过 BIM 技术与业务的结合，实现数字化工程造价管理。行业工程造价管理部门需要完善有关标准，便于工程造价数据的分析、加工，形成大数据，实现精准化的工程造价信息服务。

自 20 世纪 80 年代以来，建设项目工程造价管理的新理论和新方法不断涌现，人们从不同的角度去重新认识建设项目工程造价管理的客观规律，并进入了以注重建设项目工程造价的过程管理、集成管理、要素管理和风险管理等问题的现代工程造价管理阶段。当今，工程造价管理更需要采用先进的计算机技术和现代化的网络信息技术。互联网、大数据、现代信息与通信技术的广泛应用，不但大大提高了工程项目参与各方之间的沟通、文件传递等的工作效率，也及时、准确地提供了市场信息、辅助了专业工作与决策，使工程造价管理工作从收集、整理和分析等各种复杂、繁多的工程项目数据分析到关注全寿命周期的价值管理成为可能。目前，我国工程造价领域改革正在深入推进，有效的机制和手段不断创新，数据正在不断形成和丰富，这为工程造价专业工作的数字化升级奠定了基础。加快建设符合工程造价领域需要的数字化平台，构建新生态，激发新活力，成为推进工程造价管理数字化，迈向数字建筑与智慧建造新目标的共同选择。

复习思考题

1. 简述现代工程造价管理主要理念和方法。

2. 基于信息与知识管理社会学家玛格丽特将人类划分为哪几阶段？什么是 DIKW 模型？

3. 阐述标杆管理四个环节的实现过程。

4. 工程造价集成管理的主要内容包括哪些？

5. 阐述工程造价精细化管理的概念和原则。

6. 简要介绍我国的建设工程全面造价管理体系。

7 数字建筑的核心理念及其三大关键环节分别是什么？

8. 简述数字造价管理的概念。

附　录

附录 A

高等学校工程造价本科指导性专业规范

关于同意颁布《高等学校工程造价本科指导性专业规范》的通知

高等学校工程管理和工程造价学科专业指导委员会：

根据教育部和住房城乡建设部有关要求，由你委组织编制的《高等学校工程造价本科指导性专业规范》，已通过住房城乡建设部人事司、高等学校土建学科教学指导委员会的审定，现同意颁布。请指导有关高等学校认真实施。

住房和城乡建设部人事司
住房和城乡建设部高等学校土建学科教学指导委员会
2015 年 3 月 30 日

高等学校工程造价本科指导性专业规范目录

（五）实习基地

（六）教学经费

七、附件

附件 1　工程造价专业知识体系（知识领域、知识单元和知识点）

表 1-1　工具、人文社科、自然科学基础知识领域及推荐课程

表 1-2　专业知识领域及推荐课程和学时

表 1-2-1　建设工程技术基础知识领域的知识单元、知识点及推荐学时

表 1-2-2　工程造价管理理论与方法知识领域的知识单元、知识点及推荐学时

表 1-2-3　经济与财务管理知识领域的知识单元、知识点及推荐学时

表 1-2-4　法律法规与合同管理知识领域的知识单元、知识点及推荐学时

表 1-2-5　工程造价信息化技术知识领域的知识单元、知识点及推荐学时

附件 2　工程造价专业实践教学体系（实践领域、实践单元和知识技能点）

表 2-1　实践教学领域及实践单元

表 2-2-1　实验领域的实践单元和知识技能点

表 2-2-2　实习领域的实践单元和知识技能点

表 2-2-3　设计领域的实践单元和知识技能点

附件 3　推荐的工程造价专业知识单元和知识点

表 3-1　建设工程技术基础知识领域推荐的知识单元、知识点及学时

表 3-2　工程造价管理理论与方法知识领域推荐的知识单元、知识点及学时

表 3-3　经济与财务管理知识领域推荐的知识单元、知识点及学时

表 3-4　法律法规与合同管理知识领域推荐的知识单元、知识点及学时

表 3-5　工程造价信息化技术知识领域推荐的知识单元、知识点及学时

《高等学校工程造价本科
指导性专业规范》全文

附录 B

××××大学
2020 级工程造价专业本科培养方案

一、专业基本信息

英文名称	Cost Engineering		
专业代码	120105	学科门类	管理学
学　制	四年	授予学位	管理学学士

二、培养目标

　　工程造价专业培养适应社会主义现代化建设需要，具有扎实的土木工程基础知识和人文社会科学基础；掌握建设工程领域的基本技术知识，掌握与工程造价管理相关的管理、经济和法律等基础知识，具有较高的科学文化素养、专业综合素质与能力，具有正确的人生观和价值观，具有良好的思想品德和职业道德、创新精神和国际视野，全面获得工程师基本训练，能够在建设工程领域从事工程建设全过程造价管理的高级专门人才。预期学生在毕业 5 年左右，能够成为在工程造价管理领域，从事工程决策分析与经济评价、工程计量与计价、工程造价控制、工程建设全过程造价管理与咨询、工程合同管理、工程审计、工程造价鉴定等方面工作的高级工程应用型人才，成为所在企业和单位的技术骨干。

　　上述的培养目标可以归纳为以下五项：

　　目标 1：具有健全的人格和良好的人文素养、道德品质和创新意识；

　　目标 2：具有坚实的自然科学和土木工程、管理学、经济学、建设法规、计算机等多个领域基础知识和专业技能；

　　目标 3：具有工程实践和解决复杂工程造价管理问题的能力；

　　目标 4：具有团队沟通、协调、组织的能力；

　　目标 5：能够从事本专业相关领域的工程设计、方案比选、经济评价、造价咨询和施工管理等工作。

三、毕业要求

1. 工程知识

能够将数学、自然科学、工程基础和专业知识用于解决复杂工程造价确定及核算问题。

（1）能够应用数学、自然科学和工程技术方面的基本原理对工程造价的复杂问题进行识别和准确表达；

（2）能够针对具体的建设项目进行建模和造价确定工作；

（3）能够将相关知识和数学模型方法用于推演、分析工程造价相关问题；

（4）能够对土木工程领域复杂工程造价问题的解决途径进行评价，并提出改进思路。

2. 问题分析

能够应用数学、自然科学和工程科学的基本原理，识别、表达并通过文献研究分析复杂的与工程造价相关的问题，以获得有效结论。

（1）能够运用土木工程专业相关科学原理，识别和判断复杂土木工程造价问题的关键环节；

（2）能基于土木工程专业相关科学原理和数学模型方法正确表达复杂土木工程造价的精准计量与计价问题：

（3）能认识到解决土木工程设计和施工管理问题有多种方案可选择，会通过文献研究寻求可替代的解决方案；

（4）能运用土木工程专业基本原理借助文献研究，分析造价的影响因素。

3. 设计 / 开发解决方案

能够设计针对复杂工程问题的解决方案，设计满足特定需求的系统、单元（部件）或工艺流程，并能够在设计环节体现创新意识，考虑社会、健康、安全、法律、文化以及环境等因素。

（1）掌握土木建设工程的全寿命周期造价管理、全面造价管理、全过程造价管理的基本思路 / 范式和方法，了解影响技术方案和施工方案比选的各种因素；

（2）能够针对土木工程的特定需求，完成单元（部件）的设计与计算；

（3）能够进行土木工程施工技术和项目管理方案的设计，在设计中体现创新意识；

（4）在土木工程项目管理方案设计中能够考虑安全、健康、环境、进度、质量、法律及信息等制约因素。

4. 研究

能够基于科学原理并采用科学方法对复杂工程造价问题进行研究，包括设计试验、分析与解释数据，并通过信息综合得到合理有效的结论。

（1）能够基于土木工程施工技术、项目管理和工程造价等领域的科学原理，通过文献研究和相关方法，调研和分析复杂工程问题的解决方案；

（2）能够根据土木工程对象特征，选择研究路线，设计出合理的工程造价管理方案；

（3）能够根据土木工程的设计方案构建造价管理实施方案，正确地采集试验数据，安全、合规地开展计量与计价、合同管理等工作；

（4）能对造价结果进行分析和解释，并通过信息综合得到合理有效的结论。

5. 使用现代工具

能够针对复杂工程造价问题，开发、选择与使用恰当的技术、资源、现代工程工具和信息技术工具，包括对复杂工程造价问题的预测与模拟，并能够理解其局限性。

（1）掌握土木工程施工技术和造价管理领域中常用的现代仪器、信息技术工具、模拟软件的使用原理和方法，并理解其局限性；

（2）能够选择和使用恰当的仪器、信息资源，工程工具和专业软件，对复杂土木工程造价问题进行分析、计算和维护；

（3）能够针对土木工程领域具体的项目，开发或选用满足特定需求的现代工具，模拟和预测专业问题，并能够分析其局限性。

6. 工程与社会

能够基于工程造价相关背景知识进行合理分析，评价专业工程实践和复杂工程造价问题解决方案对社会、健康、安全、法律以及文化的影响，并理解应承担的责任。

（1）了解工程造价专业相关领域的技术标准体系、知识产权、产业政策和法律法规，理解不同社会文化对工程活动的影响；

（2）能分析和评价工程造价专业工程实践对社会、环境、健康、安全、法律、文化的影响，以及这些制约因素对工程造价实施的影响，并理解应承担的责任。

7. 环境和可持续发展

能够理解和评价针对复杂工程造价问题的工程实践对环境、社会可持续发展的影响。

（1）知晓和理解环境保护和可持续发展的理念和内涵；

（2）能够站在环境保护和可持续发展的角度思考工程造价实践的可持续性，评价方案实施过程中可能对人类和环境造成的损害和隐患；

（3）能够设计出符合环境保护和可持续发展要求的理想的工程造价管理方案。

8. 职业规范

具有人文社会科学素养、社会责任感，能够在工程造价实践中理解并遵守工程造价职业道德和规范，履行责任。

（1）有正确价值观，理解个人和社会的关系，了解中国国情；

（2）理解诚实公正、诚信守则的工程职业道德和规范，并能在工程造价实践中自觉遵守；

（3）理解工程师对公众的安全、健康以及环境保护的社会责任，能够在工程实践中自觉履行责任。

9. 个人和团队

能够在多学科背景下的团队中承担个体、团队成员以及负责人的角色。

（1）能够与其他学科的成员有效沟通，合作共事；

（2）能够在团队中独立或合作开展工作；

（3）能够按照科学的原则组建适合工作的项目团队，并能组织、协调和指挥团队开展工作。

10. 沟通

能够就复杂工程造价问题与业界同行及社会公众进行有效沟通和交流，包括撰写报告和设计文稿、陈述发言、清晰表达或回应指令。并具备一定的国际视野，能够在跨文化背景下进行沟通和交流。

（1）能就工程造价领域复杂问题，以口头、文稿、图表等方式，准确表达自己的观点，回应质疑，理解与业界同行和社会公众交流的差异性；

（2）了解工程造价领域的国际发展趋势、研究热点，理解和尊重世界不同文化的差异性和多样性；

（3）具备跨文化交流的语言和书面表达能力，能够对工程造价管理专业问题，在跨文化背景下进行基本沟通和交流。

11. 项目管理

理解并掌握工程造价管理原理与经济决策方法，并能在多学科环境中应用。

（1）掌握工程造价管理过程中涉及的经济决策方法；

（2）掌握土木工程设计方案、施工方案、运行期的成本（造价）构成，理解其中涉及的工程管理与经济决策问题；

（3）能够在多学科环境下（包括模拟环境），在设计开发解决方案的过程中，运用工程管理和经济决策方法。

12. 终身学习

具有自主学习和终身学习的意识，有不断学习和适应发展的能力。

（1）具有自主学习和终身学习的意识，建立适应自身发展的规划和目标；

（2）具有自主学习的能力，包括对技术问题的理解能力，归纳总结的能力和提出问题、解决问题的能力。

四、主干学科

管理科学与工程、土木工程。

五、主干课程

1. 主干基础课程

大学英语、高等数学、工程制图、概率论与数理统计、管理学、经济学、经济法、运筹学、工程统计学、工程管理信息系统、财务管理。

2. 主干专业课程

建筑力学、工程结构、工程材料、工程经济学、建筑与装饰工程估价、安装工程估价、工程项目管理、工程招标投标与合同管理、工程造价管理、BIM 应用基础、虚拟设计与施工。

六、主要实践教学环节

工程制图集中周、外语实践周、工程测量实习、房屋建筑学课程设计、AutoCAD集中周、工程经济学课程设计、工程结构课程设计、工程项目管理课程设计、建筑与装饰工程估价课程设计、工程造价信息管理课程设计、专业实践、毕业实习、毕业设计。

七、毕业学分要求

参照学校本科学生学业修读管理规定及学士学位授予细则，修满本专业最低计划学分应达到 174.5 学分，其中理论课程 129.5 学分，实践教学环节 45 学分。

八、各类理论课程结构比例

课程类别	课程总学时	占总学时百分比	学分数	必修课			限选课			任选课		
				学时	占总学时百分比	学分	学时	占总学时百分比	学分	学时	占总学时百分比	学分
通识类课程（ABTJ）	960	47.52%	57.0	864	40.75	51.0	—	—	—	96	4.77%	6.0
人文社科类通识课程（A）	456	22.57%	28.5	456	21.51	28.5	—	—	—	—	—	—
数学、自然科学通识课程（B）	232	11.49%	14.5	232	10.94	14.5	—	—	—	—	—	—
专业基础课（C）	784	38.81%	49.0	640	39.41	40.0	48	2.26%	3.0	96	4.77%	6.0
专业课（D）	376	18.61%	23.5	168	7.92	10.5	208	9.81%	13.0			
理论总计	2120	—	129.5	1672	78.87	101.5	256	12.08%	16.0	192	9.54%	12.0

九、教学进程表

学期	1	2	3	4	5	6	7	8	9	10	11	12	13	14	15	16	17	18	19	20	假期	考试科目
一	+△	军训	△																K		=	外语、高等数学1，形势与政策；管理学
二																	工程测量 J	制图 J	K		=	外语、高等数学1；C语言、建筑力学、画法几何与工程制图1、经济学
三																	房建 J	K	K		=	线性代数1、房屋建筑学；马克思主义基本原理、经济学
四																	CAD J	工程训练1 X	K		=	概率与统计、运筹学、工程材料；毛泽东思想与中国特色社会主义理论体系概论
五	X	X	X	X	X	X	X										工程经济学 J	工程结构 K	K		=	工程结构、土木工程施工技术；工程经济学、工程统计学
六	X	X	X	X	X	X	X	X	X								建筑与装饰工程估价 J	工程项目管理 J	K		=	工程项目管理、建筑与装饰工程估价；财务管理
七	I	I	I	○	○	○	○	○	○	○	○	○	○	○	○	○	工程造价信息管理 ○	+				工程造价管理综合实训、工程造价管理
八	毕业实习			毕业设计（论文）																		

符号说明：+入学；△军训；K考试；X专业实践；J课程设计；○毕业设计；I毕业实习；M机动；=假期

十、指导性教学计划

工程造价专业指导性教学计划

必修课计划表

课程性质	课程类别	课程名称	总学分	总学时	讲课	实验	上机	课外	考试	考查	1	2	3	4	5	6	7	8
											16	16	16	16	16	16	7	
必修课	A	思想道德修养与法律基础	2.5	40	36			4	1		2.5							
	A	中国近现代史纲要	2.5	40	36			4	2			2.5						
	A	马克思主义基本原理	2.5	40	36			4		3			2.5					
	A	毛泽东思想和中国特色社会主义理论体系概论	4.5	72	68			4		4				4.5				
	A	习近平新时代中国特色社会主义思想概论	2	32	28			4		5					2.0			
	A	形势与政策	2	32	32					1–4	0.5	0.5	0.5	0.5				
	A	军事理论	1.5	24	12			12	1		1.5							
	A	大学生心理与健康	2	32	16			16	1		2.0							
	A	国家安全教育	1	16	16				1		1.0							
	T	大学生就业指导与职业规划	1	16	16					2、5			0.5		0.5			
	J	大学生创新创业基础	1	16	16					2			1.0					
	T	体育	3	96	96					1–4	1.5	1.5	1.5	1.5				
	A	外语	8	128	128					1–4	2.0	2.0	2.0	2.0				
	J	C语言	3.0	48	32		16			2			3.0					
	B	高等数学1	10	160	160				1–2		5.0	5.0						
	C	管理学	2.0	32	32				1		2.0							
	C	画法几何与工程制图1	3.0	48	48				2				3.0					
	C	建筑力学	5.5	88	80	8			2				5.0					
	C	工程测量	2.0	32	24		8			2			2.0					
	B	线性代数1	2.0	32	32				3					2.0				
	C	经济学	2.0	32	32				3					2.0				
	C	经济法	2.0	32	32					3				2.0				
	C	房屋建筑学	2.0	32	32				3					2.0				
	B	概率与统计	2.5	40	40				4						2.5			
	C	BIM应用基础1	1.5	24	8		16		4						1.5			
	C	工程材料	2.5	40	32	8			4						2.5			
	C	_等学	2.0	32	32				4						2.0			
		_AD	2.0	32	32					4					2.0			

续表

课程性质	课程类别	课程名称	总学分	总学时	讲课	实验	上机	课外	考试	考查	1(16)	2(16)	3(16)	4(16)	5(16)	6(16)	7(7)	8
必修课	C	工程结构	3.0	48	48				5						3.0			
	C	土木工程施工技术	2.0	32	32				5						2.0			
	C	会计学	2.0	32	16	16				5					2.0			
	C	工程经济学	2.5	40	32	8			5						2.5			
	C	土力学与地基基础	2.0	32	32					5					2.0			
	C	工程统计学	2.0	32	24	8			5						2.0			
	D	建筑与装饰工程估价	3.0	48	48				6							3.0		
	C	工程招标投标与合同管理	2.0	32	24	8			6							2.0		
	D	工程项目管理	2.5	40	32	8			6							2.0		
	D	工程造价信息管理	1.5	24		24				7							1.5	
	D	工程造价管理	1.5	24	24				7								1.5	
		合　计	101.5	1672	1496	112	16	48	/	/								
选修课		专业限选课最低限选要求	16.0	256	240	16												
		专业任选课最低任选要求	6.0	96	96													
		全校任选课最低任选要求	6	96	96													
		课程教学学分、学时总计	129.5	2120	1928	128	16	48										

选修课计划表

课程性质	课程类别	课程序号	课程名称	总学分	总学时	讲课	实验	上机	课外	考试	考查	1(16)	2(16)	3(16)	4(16)	5(16)	6(16)	7(7)	8
专业限选课	D	1	工程造价导论	0.5	8	8					1	0.5							
	C	2	工程管理信息系统	1.0	16	8	8				4			1					
	D	3	建筑工程识图	2.0	32	24	8				4				4×6				
	D	4	工程建设法规	2.0	32	32				5						4×8			
	D	5	定额原理与编制	1.5	24	24													
	C	6	财务管理	2.0	32	32				6							4×8		
	D	7	全过程工程咨询方法与实务	1.5	24	24					6						4×6		
	D	8	工程项目融资	2.0	32	32					6						4×8		
	D	9	安装工程估价	1.5	24	24					7							4×6	
	D	10	工程造价管理综合实训	2.0	32	32					7							4×8	
			小　计	16.0	256	240	16												
			最低限选要求	16	256														

续表

课程性质	课程类别	课程序号	课程名称	总学分	总学时	讲课	实验	上机	课外	考试	考查	1	2	3	4	5	6	7	8
						总学时分配				考核方式		学期课内周学时数分布							
												第一学年		第二学年		第三学年		第四学年	
												16	16	16	16	16	16	7	
专业任选课	C	1	组织行为学	2.0	32	32					3			4×8					
	C	2	市场调查分析与预测	2.0	32	32					5					4×8			
	C	3	证券投资与理财	2.0	32	32					5					4×8			
	C	4	专业写作	1.0	16	16					5					4×4			
	C	5	项目 HSE 管理	2.0	32	32					6						2×16		
	C	6	建筑企业管理	2.0	32	32					6						4×8		
	D	7	工程伦理学	2.0	32	32					6						4×8		
	D	8	房地产投资分析	2.0	32	32					6						4×8		
	D	9	求职与面试	1.0	16	16					6						4×4		
	C	10	文献检索	1.0	16	16					7							4×4	
	D	11	虚拟设计与施工	2.0	32	16	16				7							8×4	
	D	12	智能建造技术	2.0	32	16	16				7							8×4	
			小　计	19	312	288	32												
			最低任选要求	6	96														
全校任选课	B	1	艺术类	2	32														
	A	2	体育类	1	16														
	B	3	经管法规和其他	3	48														
			最低任选要求	6	96														

实践教学计划表

课程类别	课程序号	课程名称	学分数	周数	1	2	3	4	5	6	7	8
					学期周数分配							
					第一学年		第二学年		第三学年		第四学年	
实践环节	1	入学及毕业教育		1（1）	（1）							1
	2	军训	2.0	2	2							
	3	思想政治理论课教育	2.0	（2）	1–4 学期分散进行							
	4	创新创业实践	2.0	（2）	1–8 学期分散进行							
	5	体育课实践	1.0	1	1–4 学期分散进行							
	6	外语实践周	2.0	（2）					1			1
	7	制图集中周	1.0	1		1						
	8	工程测量	1.0	1		1						
	9	房屋建筑学课程设计	1.0	1				1				
	10	AutoCAD 集中周	1.0	1				1				
	11	工程经济学课程设计	1.0	1					1			
	12	工程结构课程设计	1.0	1					1			
	13	建筑与装饰工程估价	1.0	1						1		
	14	工程项目管理课程设计	1.0	1						1		
	15	工程造价信息管理课程设计	1.0	1							1	
	16	专业实践	10.0	10							10	
	17	毕业实习	4.0	4								6
	18	毕业设计（论文）	13.0	13								11
		合　计	45.0	46								
		毕业总学分	174.5		毕业总学时		2120 学时 /40 周					

十一、主要课程逻辑关系结构图

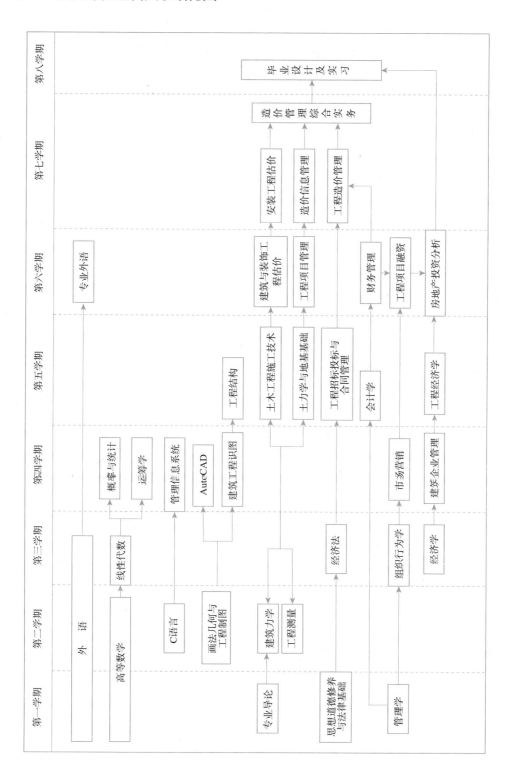

附录 C

国内外知名高校同类专业课程设置概览

国际及中国香港地区知名大学工程造价专业课程设置概览　　　　　表 C-1

大学名称	专业名称	课程设置
雷丁大学（University of Reading）	工料测量（Quantity Surveying）	建筑和工程经济学；建筑科学；建筑技术；信息和沟通；建筑经济学；建筑采购；建筑环境系统；建筑环境管理；工程项目管理；建筑合同法和管理；建筑项目管理；环境管理和评估；数字技术在建筑中的应用；工程采购
阿斯顿大学（Aston University）	工料测量（Quantity Surveying）	商业会计入门；施工量化和成本计算；建筑材料和测量学；建筑信息和数字建筑；建筑业商业概论；健康、安全和风险管理；学习和研究技能；建筑合同管理和行政管理；建立专业关系；建筑设计与施工技术；建筑合同管理和行政管理；采购和成本管理；建筑业的 BIM
维特沃特斯兰德大学（University of the Witwatersrand）	工料测量（Quantity Survey）	建筑技术；工料测量财务管理；合同和采购；建筑财务管理；价值和风险管理；建筑环境中的人员和组织管理；建筑实践与信息技术；可持续设计与发展；房地产经济学；土木工程中的可持续性；空间规划
昆士兰科技大学（Queensland University of Technology）	工料测量（Quantity Surveying）	经济学；建筑测量；商业建筑工程；城市发展规律；房地产开发；专业实践；顶点项目；监管立法；建筑环境的设计思维；综合建设；建筑服务；服务和重型工程测量；高层建筑；未来建筑环境的研究方法；能源和资源部门风险管理；住宅建筑；海西工程部门技术介绍；建筑测量前沿；建筑估算；合同管理；成本规划和控制；现代建筑业简介；工料测量和工程造价设想
邦德大学（Bond University）	建筑管理与工料测量学（Construction Management and Quantity Surveying）	批判性思维和沟通；协作、团队和领导；责任、诚信和公民对话；商业建筑和工程；综合测量和专业实践；测量；项目交付系统；建筑服务；数字化设计和智能化建设；建筑工地管理；住所改造；项目规划和进度安排；建筑基础；施工招标和财务；土地经济与环境；规划过程；房地产产权；早期估算和成本规划；项目管理；项目合同管理；结构简介；顶点项目
索尔福德大学（University of Salford）	工料测量（Quantity Surveying）	法律和监管体系概论；施工过程管理；工料测量学科项目；技术；工料测量；私营企业与承包商；建筑经济学；研究项目；建筑法与纠纷解决；经济与管理；风险和价值管理；环境科学与服务；采购与管理；可持续设计与建造
普利茅斯大学（University of Plymouth）	工料测量（Quantity Surveying）	经济学和管理学原理；大型创新建筑技术；可持续和安全施工；建筑环境项目；合同程序；建筑和财产法；建筑基础知识；建筑物理学；房地产开发与翻新；建筑环境的研究方法；数字建筑环境；建筑服务工程；建筑材料和工地测量；工料测量原理；工料测量专业实践；实习准备；行业实习
格林威治大学（The University of Greenwich）	工料测量（Quantity Surveying）	建筑技术；可持续建筑和综合项目；项目和风险管理；建筑环境的管理和经济；工料测量实践；建筑财务；项目和专业技能；测量；高级测量；商业管理；健康、安全和福利；合同实践管理和法律；研究实践和毕业论文；建筑经济学
诺丁汉特伦特大学（Nottingham Trent University）	工料测量及商业管理（Quantity Surveying and Commercial Management）	建筑业基础知识；建筑技术；工料测量项目；测量和成本介绍；可持续发展技术；留学；合同实践；建筑科学和建筑工程服务；计量学；项目和财务管理；建筑业的数字和专业技能；合同管理；控制和财务；实习；毕业论文；建筑业实践；法律；成本规划和估算

续表

大学名称	专业名称	课程设置
泰莱大学（Taylor's University）	工料测量（Quantity Surveying）	测量；建筑服务和土木工程的数量；价值管理；建筑材料；建筑服务；管理科学；估算；建筑经济学；建筑法；建筑技术；专业实践；财务管理；衰退经济学；法律和监管框架概论；现场测量；工料测量的软件应用；核心选修课；结构；研究方法学；项目管理；工业培训和报告；实践任务
赫瑞瓦特大学（Heriot-Watt University）	工料测量（Quantity Surveying）	建筑技术；安全管理与工地建设；成本和价值管理；商业法；QS实践；建筑和自然环境的测量和监测；采购和合同；建筑工程管理；成本建模和测量；设计成本规划和控制；建筑实践中的创新；建筑业；测量和成本评估；设计项目；基础设施管理原则；建筑业管理应用的决策；毕业论文；施工设计
威斯敏斯特大学（University of Westminster）	工料测量及商业管理（Quantity Surveying and Commercial Management）	建筑设计；高级测量；建筑技术与创新；建筑科学和结构；基于建筑项目的学习；合同管理与实践；建筑技术与服务；建筑工程技术；当前建筑环境中的问题；建筑环境介绍；环境科学与服务；专业实践；项目、商业和组织环境；项目和商业管理；项目评估和发展；工地工程与管理；项目采购、管理和法律；项目管理
香港理工大学（The Hong Kong Polytechnic University）	测量学（Surveying）	分析技能和方法；顶点项目；建筑与环境的中文交流；建筑和环境专业人员的英语；维修技术和管理；发展控制法；项目管理和采购；成本和价值管理；建筑环境中的预测和竞争；结构；建筑合同法和管理；争议解决；建筑业的信息技术和建筑信息模型；环境影响与评估；测量、文件和估算；建筑经济学

中国内地软科排名前 15 位工程造价专业课程设置概览　　　　表 C-2

软科排名	学校名称	学院名称	开设课程
1	重庆大学	管理科学与房地产学院	房屋建筑学；混凝土结构基本原理；建设法规；工程经济学；建筑与装饰工程施工技术；安装工程施工技术；市政工程施工技术；建筑与装饰工程估价；安装工程估价；建设工程合同管理；FIDIC 合同条件；建设工程成本规划与控制；统计学；运筹学；建筑物经济学；工程项目管理；建设工程项目融资；CAD 及工程造价软件；建设工程项目审计
2	天津理工大学	管理学院	管理学；经济学原理；运筹学；应用统计学；工程经济学；工程伦理；工程造价专业导论；建筑识图与房屋建筑学；工程力学与结构；施工技术与组织管理；工程计量学；工程项目管理学；工程定额原理与计价；工程招标投标与合同管理；工程造价专业学术写作；建筑材料；建设法规；建设项目 BIM 成本管控；建筑设备概论；项目可行性研究与评估；项目投融资；创业创新实践
3	华北电力大学	经济与管理学院	工程制图；工程施工技术；工程经济学；工程技术及预算；工程项目投资管理；工程计量学；工程造价学；工程定额管理；电力企业管理；电力企业成本核算与分析；电力统计；电网运营与电力市场管理；会计学；管理学基础；财务管理；建筑结构；建筑制图；建筑设备；建筑材料
4	西南交通大学	土木工程学院	画法几何及工程制图；计算机文化基础；工程力学；工程测量；混凝土结构设计原理；建筑材料；土木工程概论；建设工程合同管理；工程造价与计价原理；建筑施工与管理；建设法规；建筑经济与企业管理
5	山东建筑大学	管理工程学院	房屋建筑学；建筑结构；工程力学；建筑材料；建筑施工技术；建筑施工组织；工程经济学；建设法规；工程招标投标及合同管理；房屋建筑与装饰工程估价；安装工程估价；市政工程估价；工程造价管理；工程项目管理；管理学；管理统计学；工程造价案例分析；BIM 技术原理及应用；工程造价概论；装配式建筑造价管理；平法识图及软件算量；工程造价信息化实训
6	三峡大学	水利与环境学院	管理学；运筹学；工程经济学；工程施工；工程合同法律制度及合同管理；水电工程造价预测；工程估价；工程造价管理；工程项目管理

续表

软科排名	学校名称	学院名称	开设课程
7	昆明理工大学	建筑工程学院	管理学；土木工程；建设法规；施工技术；招标投标与合同管理；施工项目成本管理；建筑工程计价；安装工程计价；公路工程施工组织与计价；市政工程计价；项目管理沙盘实训；招标投标模拟实训；建筑工程计价课程设计；安装工程计价课程设计；市政工程计价课程设计；工程项目成本课程设计
8	青岛理工大学	管理工程学院	工程制图；工程材料；工程测量；工程力学；结构力学；房屋建筑学；工程结构；工程施工技术与组织；虚拟设计与施工；建筑设备工程；装配式建筑与管理；工程安全与环境保护；运筹学；应用统计学；管理学原理；经济学基础；会计学基础；工程经济学；经济法；建设法规；工程合同管理；FIDIC 合同条件；工程索赔（双语）；工程项目投融资（双语）；工程项目管理；项目风险管理与保险（双语）；工程计量与计价；安装工程计量与计价；工程定额原理；工程造价概论；工程造价人才素质与职业道德；工程造价管理；建筑信息模型（BIM）技术应用；工程造价专业英语；工程造价前沿；工程造价审计；国际工程造价管理（双语）
9	中南财经政法大学	金融学院	管理学；投资学；房地产经济学；建筑工程概论；会计学；财务管理学；工程经济学；建设项目管理；建筑设计概论；建筑施工；工程运筹学；工程计量；工程合同管理；工程造价管理；房地产估价；土木工程概论；项目管理原理；房地产开发；建筑识图；工程运筹学；BIM 应用；项目管理软件及应用；建设法规；合同法学；项目融资；工程造价管理综合实验
10	重庆交通大学	经济与管理学院	管理科学与工程类专业导论；工程经济学；管理信息系统；道路工程；工程项目管理；桥梁工程；可持续发展概论；经济预测与决策；工程测量；建筑材料；工程造价专业英语；路桥工程施工技术；公路定额原理与造价编制；工程计量与计价；施工组织学；工程招标投标与合同管理；工程成本规划与控制；项目投资与融资；资产评估；工程项目评估；工程财务管理；建筑与装饰工程估价；工程项目智慧化管理；项目投资模式创新与决策；智慧城市数字化发展前景
11	长安大学	建筑工程学院	工程造价概论；画法几何与工程制图；经济学概论；管理学；工程力学；土木工程材料；运筹学原理与应用；工程测量；房屋建筑学；建设法规；钢筋混凝土与砌体结构；钢结构与组合结构；FIDIC 合同管理（英）；土力学与基础工程；工程经济学；工程财务管理；土木工程施工技术与组织；建筑工程计量与计价；安装工程计量与计价；工程造价管理；工程招标投标与合同管理；工程项目管理及建设监理；工程项目风险管理；工程项目投融资；工程项目审计；BIM 与造价应用
12	沈阳建筑大学	管理学院	工程造价导论；管理学；经济学；运筹学；建筑力学；工程结构；工程材料；工程测量；建筑工程识图；工程统计学；工程经济学；工程项目管理；建筑与装饰工程估价；工程招标投标与合同管理；工程造价管理；工程管理信息系统；工程项目融资；工程造价信息管理；工程建设法规；安装工程估价；房地产投资分析；定额原理与编制；全过程工程咨询方法与实务；工程造价管理综合实训；BIM 应用基础；财务管理；土木工程施工技术；土力学与地基基础；虚拟设计与施工；智能建造技术；工程伦理学
13	北京建筑大学	城市经济与管理学院	工程经济学；工程项目管理；建筑与装饰工程估价；工程招标投标与合同管理；工程造价管理；BIM 技术与应用；工程造价管理前沿讲座；工程管理信息系统；项目投资与融资；安装工程估价；工程数学；房地产估价；仿古建筑工程估价；国际工程估价（双语）；物业管理；工程咨询概论；绿色建造概论；工程造价案例分析；市政与园林工程估价；工程审计；国际工程合同管理（双语）
14	南京审计大学	工程审计学院	工程造价专业概论；工程力学；会计学；审计学基础；工程经济学；统计学；运筹学；工程合同管理；房屋建筑学；工程结构；工程测量；工程计量；工程施工；建筑安装工程；建设法规；工程项目管理；工程估价；建筑信息技术与方法；建设成本规划与控制；工程管理信息系统；工程审计；安装工程估价；智能建造；建筑 CAD 技术基础；路桥及市政工程建造与估价；水利工程建造与估价；可行性研究与项目评估；工程财务
15	江西理工大学	经济管理学院	工程制图及识图；建筑材料；建筑力学；房屋建筑学；建筑结构；工程经济与项目评价；工程定额原理；建筑施工技术与组织；安装工程技术；工程项目管理；工程招标投标与合同管理；建筑工程预算；安装工程预算；BIM 基础及应用；工程监理；建设法规；资产评估；工程造价管理

参考文献

[1] 中华人民共和国住房和城乡建设部 . 工程造价术语标准: GB/T 50875—2013[S]. 北京: 中国计划出版社, 2013.

[2] 中华人民共和国住房和城乡建设部 . 建设工程造价咨询规范: GB/T 51095—2015[S]. 北京: 中国计划出版社, 2015.

[3] 吴佐民 . 中国工程造价管理体系研究报告 [M]. 北京: 中国建筑工业出版社, 2014.

[4] 刘伊生 . 工程造价管理 [M]. 北京: 中国建筑工业出版社, 2020.

[5] 王雪青 . 工程项目成本规划与控制 [M]. 北京: 中国建筑工业出版社, 2011.

[6] 中国建设工程造价管理协会 . 建设项目全过程造价咨询规程: CECA/GC4—2017[S]. 北京: 中国计划出版社, 2017.

[7] 刘伊生 . 建设工程全面造价管理: 模式·制度·组织·队伍 [M]. 北京: 中国建筑工业出版社, 2010.

[8] 戚安邦 . 建设项目全过程造价管理原理与方法 [M]. 天津: 天津人民出版社, 2004.

[9] 丁士昭 . 工程项目管理 [M]. 2 版 . 北京: 中国建筑工业出版社, 2014.

[10] 刘晓君 . 工程经济学 [M]. 3 版 . 北京: 中国建筑工业出版社, 2015.

[11] 何继善, 等 . 工程管理论 [M]. 北京: 中国建筑工业出版社, 2017.

[12] 中华人民共和国住房和城乡建设部 . 建设工程工程量清单计价规范: GB 50500—2013[S]. 北京: 中国计划出版社, 2013.

[13] 国家建筑材料工业标准定额总站 . 建设工程计价设备材料划分标准: GB/T 50531—2009[S]. 北京: 中国计划出版社, 2009.

[14] 中国建设工程造价管理协会 . 建设项目投资估算编审规程: CECA/GC4—2015[S]. 北京: 中国计划出版社, 2015.

[15] 高等学校工程管理和工程造价学科专业指导委员会 . 高等学校工程造价本科指导性专业规范 [S]. 北京: 中国建筑工业出版社, 2015.

[16] 中国建设工程造价管理协会 . 工程造价费用构成研究报告 [R], 2020.

[17] 中华人民共和国住房和城乡建设部 . 建筑工程施工发包与承包计价管理办法: 第 16 号令 [S], 2014.

[18] 中国建设工程造价管理协会 . 《建筑工程施工发包与承包计价管理办法》释义 [M]. 北京: 中国计划出版社, 2014.

[19] 中华人民共和国住房和城乡建设部 . 关于进一步推进工程造价管理改革的指导意见: 建标〔2014〕142 号 [S], 2014.

[20] 中华人民共和国住房和城乡建设部、中华人民共和国财政部 . 建筑安装工程项目与费用组成：建标［2013］44 号 [S]，2013.

[21] 中华人民共和国国务院办公厅 . 关于促进建筑业持续健康发展的意见：国办发［2017］19 号 [S]，2017.

[22] 中华人民共和国住房和城乡建设部，等 . 造价工程师执业资格制度规定：建人［2018］67 号 [S]，2018.

[23] 中华人民共和国住房和城乡建设部 . 注册造价工程师管理办法、工程造价咨询企业管理办法：第 50 号 [S]，2020.

[24] 广联达科技股份有限公司 . 数字建筑白皮书 [Z]，2018.

[25] 广联达科技股份有限公司 . 数字造价管理白皮书 [Z]，2021.

[26] 郭婧娟 . 国外工程造价管理模式比较研究报告 [R]，2021.

[27] 李杰 . 建筑工程计量与计价 [M]. 北京：高等教育出版社，2020.

[28] 教育部高等学校工程管理和工程造价专业教学指导分委会 . 工程造价专业发展报告 [R]，2022.

[29] 中国建设工程造价管理协会 . 2021 年工程造价咨询统计资料汇编 [Z]，2021.